● 新・電気システム工学 ●
TKE-ex1

現代パワーエレクトロニクス

河村篤男

数理工学社

編者のことば

　20世紀は「電気文明の時代」と言われた．先進国では電気の存在は，日常の生活でも社会経済活動でも余りに当たり前のことになっているため，そのありがたさがほとんど意識されていない．人々が空気や水のありがたさを感じないのと同じである．しかし，現在この地球に住む60億の人々の中で，電気の恩恵に浴していない人々がかなりの数に上ることを考えると，この21世紀もしばらくは「電気文明の時代」が続くことは間違いないであろう．種々の統計データを見ても，人類の使うエネルギーの中で，電気という形で使われる割合は単調に増え続けており，現在のところ飽和する傾向は見られない．

　電気が現実社会で初めて大きな効用を示したのは，電話を主体とする通信の分野であった．その後エネルギーの分野に広がり，ついで無線通信，エレクトロニクス，更にはコンピュータを中核とする情報分野というように，その応用分野はめまぐるしく広がり続けてきた．今や電気工学を基礎とする産業は，いずれの先進国においてもその国を支える戦略的に第一級の産業となっており，この分野での優劣がとりもなおさずその国の産業の盛衰を支配するに至っている．

　このような産業を支える技術の基礎となっている電気工学の分野も，その裾野はますます大きな広がりを持つようになっている．これに応じて大学における教育，研究の内容も日進月歩の発展を遂げている．実際，大学における研究やカリキュラムの内容を，新しい技術，産業の出現にあわせて近代化するために払っている時間と労力は相当のものである．このことは当事者以外には案外知られていない．わが国が現在見るような世界に誇れる多くの優れた電気関連産業を持つに至っている背景には，このような地道な努力があることを忘れてはいけないであろう．

　本ライブラリに含まれる教科書は，東京大学の電気関係学科の教授が中心となり長年にわたる経験と工夫に基づいて生み出したもので，「電気工学の体系化」および「俯瞰的視野に立つ明解な説明」が特徴となっている．現在のわが国の関係分野において，時代の要請に充分応え得る内容を持っているものと自負し

ている．本教科書が広く世の中で用いられるとともにその経験が次の時代のより良い新しい教科書を生み出す機縁となることを切に願う次第である．

　最後に，読者となる多数の学生諸君へ一言．どんなに良い教科書も机に積んでおいては意味がない．また，眺めただけでも役に立たない．内容を理解して，初めて自分の血となり肉となる．この作業は残念ながら「学問に王道なし」のたとえ通り，楽をしてできない辛いものかもしれない．しかし，自分の一部となった知識によって，人類の幸福につながる仕事を為し得たとき，その苦労の何倍もの大きな喜びを享受できるはずである．

2002 年 9 月

編者　関根泰次
　　　日髙邦彦
　　　横山明彦

「新・電気システム工学」書目一覧

書目群 I	書目群 III
1　電気工学通論	15　電気技術者が応用するための「現代」制御工学
2　電気磁気学 　　――いかに理解し使いこなすか	16　電気モータの制御とモーションコントロール
3　電気回路理論	17　交通電気工学
4　基礎エネルギー工学	18　電力システム工学
5　電気電子計測	19　グローバルシステム工学
書目群 II	20　超伝導エネルギー工学
6　はじめての制御工学	21　電磁界応用工学
7　システム数理工学	22　電離気体論
8　電気機器基礎	23　プラズマ理工学 　　――はじめて学ぶプラズマの基礎と応用
9　基礎パワーエレクトロニクス	24　電気機器設計法
10　エネルギー変換工学 　　――エネルギーをいかに生み出すか	
11　電力システム工学基礎	別巻 1　現代パワーエレクトロニクス
12　電気材料基礎論	
13　高電圧工学	
14　創造性電気工学	

はじめに

　本書は，著者が横浜国立大学大学院で20年近く担当している"アドバンストパワーエレクトロニクス"の講義ノートをもとに，パワーエレクトロニクスの現代的な部分について書き下したものである．

　パワーエレクトロニクスなる学問分野は，1950年代後半の半導体のスイッチングデバイス(SCR)の出現により，電気エネルギーの形を変えて，効率よく利用することから始まった．パワーエレクトロニクスの草分けである米国ミズーリ大学名誉教授ホフト先生の言葉によれば，"シリコンを知能に使ったものがコンピュータで，筋力に応用したのがパワーエレクトロニクス"である．インバータで代表されるパワーエレクトロニクスが最も早く家庭に入り込んだのは，80年代の日本でのインバータエアコンである．個別に効率よく電気エネルギーを利用するのをみて，ホフト先生は，日本のパワーエレクトロニクスは世界の中で最も進んでいる，といわれたのを覚えている．そして，今や，電気で物理的に動くものは，その大半がインバータで制御されている．新幹線，ハイブリッド電気自動車からCD，DVDのように動くもの，あるいは，IHから電子レンジ，インバータ照明機器，携帯電話の充電器などのように電気エネルギーを使用する機器のほとんど全ては，パワーエレクトロニクスの恩恵を被っている．さらに，エネルギーの有効利用や省エネの概念は日本の社会に溶け込み，エネルギーに関する地球環境問題は国民的な関心事とも感じられる．

　別な意味では，パワーエレクトロニクスは電気回路のディジタル化でもある．つまり，スイッチによりパルス的に電気エネルギーの流れを制御することは，ディジタル的なエネルギー源を作って，それを有効に利用していることでもある．さらに，その制御にはコンピュータなどのディジタル機器を使っていることはいうまでもない．したがって，シリコンの筋力と知能が融合して，我々の身の回りを便利で暮らしやすい状態にする基盤技術になっているといってよい．

はじめに

　本書は，"基礎パワーエレクトロニクス"をある程度習得している読者を対象に書かれている．特に，パワーエレクトロニクスの固有の現象について，より深く掘り下げて書いた．今，読み返してみると，もっと詳しく書くほうがよいと感じる箇所もあるが，それらに関しては，大学の講義で使う場合は口頭で補ってほしい．あるいは，自習書として使うならば章末の問題を是非解いてほしい．それらをマスターすれば，相当な現代パワエレエンジニアと自負してもよいと思う．ただし，将来に渡って語り伝えられるであろうと思われる基本的な事項を選択して，それをやや掘り下げて書いてあるので，この本を踏み台にしてその先に進み，地球環境問題の解決のお役に立てれば幸い，と思う次第である．

　最後になったが，この原稿を書き始めるきっかけを作ってくださったCOE秘書の堀朋子さん，原稿を一部ワープロで入力していただいた秘書の鈴木まりこさん，章末問題の解答と校正をお願いした学生さん達（弦田さん，菅原君，西村さん，伊藤君，大沢君，油田君，高巣君，坂東君）に感謝します．また，写真を提供して下さった坂本潔氏(日立)，有満稔氏(日産)，久野村健氏（JR東海），松本康氏（富士電機アドバンストテクノロジー），高橋太郎氏（ソニー）には厚く御礼申し上げます．妻明子や子供達の協力がなければ，到底，完成しなかったであろうこと，さらに，数理工学社の竹田直氏，竹内聡氏の忍耐力のおかげで原稿が仕上がったことも明記します．

　この本の内容に関しては，遠慮のないご意見，ご教示をいただければ，講義に反映してよりよい教育を目指すことができるので，歓迎いたします．

2005年2月

河村　篤男

目　　次

■第 1 章　パワーエレクトロニクスとは　　1
1.1　パワーエレクトロニクスとは何か　　2
1.2　パワーエレクトロニクス応用分野　　3

■第 2 章　スイッチング現象とパワーエレクトロニクス固有の現象　　7
2.1　はじめに　　8
2.2　スイッチング損失の復習　　10
2.3　スイッチングデバイス　　13
2.4　スナバ回路とエネルギーバランス　　16
2.5　パワーエレクトロニクスの制御の特徴　　20
　　2.5.1　制御ループの多重制御　　20
　　2.5.2　機器別制御法の概要　　23
　　2.5.3　パワーエレクトロニクス制御システム構成論　　24
2 章の問題　　26

■第 3 章　スイッチング損失を減らす手法　　27
3.1　PAM　　28
3.2　共振スイッチ　　30
3.3　共振インバータ　　32
　　3.3.1　DC リンク並列共振インバータ　　32
　　3.3.2　補助共振転流ポール型インバータ（ARCP Inverter）　　33
　　3.3.3　共振スナバインバータ　　35
3.4　共振型スイッチを用いた DC–DC コンバータ　　38
3 章の問題　　40
　コラム　夢　　40

目　次　vii

第4章　PWMインバータによる出力電圧のディジタル制御　41
4.1　UPS用インバータ　42
4.2　実時間フィードバック制御　44
コラム　パワーエレクトロニクスのディジタル制御の歩み　45
4.3　インバータで駆動されるプラントの実時間ディジタル制御　46
 4.3.1　PWMインバータで駆動されるパワーエレクトロニクスシステムの離散時間モデル　46
 4.3.2　出力デッドビート制御　49
 4.3.3　繰り返し制御による補償　51
 4.3.4　外乱オブザーバによる補償　53
 4.3.5　外乱に対するオブザーバの構成　55
4章の問題　58

第5章　整流器およびアクティブフィルタのディジタル電流制御　59
5.1　単相整流器の基礎　60
5.2　アナログ手法による電流制御　62
5.3　PWM整流器の交流電流のディジタル制御　63
5.4　直流電圧の制御　66
コラム　新しいスイッチングデバイス——SiCデバイス　66
5.5　アクティブフィルタの制御論的な見方　67
5.6　並列補償型アクティブフィルタの効果の解析　68
 5.6.1　負荷側の高調波電流を検出する方法　68
 5.6.2　電源側の高調波電流を検出する方法　70
 5.6.3　電源側検出一括補償方式の制御ブロック図　71
5.7　AFの電流制御　73
5章の問題　76

第6章　各種モータ電流のディジタル制御とモーションコントロール　77
6.1　DCモータの電流マイナーループ制御　78
6.2　PMモータの電流マイナーループ制御　80
6.3　ステッピングモータの低速域での電流マイナーループ制御　82
6.4　誘導機の電流マイナーループ制御　83

目次 viii

 6.5 トルク制御およびモーションコントロールなどの概要 ········ 86
  6.5.1 スライディングモード制御のDCモータ位置サーボへの応用 86
  6.5.2 外乱オブザーバ ································· 92
  6.5.3 その他の話題 ··································· 93
 6章の問題 ·· 94

第7章 DC–DCスイッチングレギュレータの解析手法 95

 7.1 はじめに ·· 96
 7.2 状態空間平均化法による解析例 ······················· 98
 7章の問題 ·· 104
 コラム パワーエレクトロニクス学会の歩み ··············· 104

第8章 パワーエレクトロニクスのためのディジタル再設計 105

 8.1 ラプラス変換および z 変換の公式 ····················· 106
 8.2 ディジタル再設計に関する3種類の手法 ··············· 109
  8.2.1 後退差分変換 ···································· 109
  8.2.2 双1次変換(Tustin変換) ······················ 111
  8.2.3 精密なサンプルドデータモデル(sampled-data model) ··· 112
 8.3 各種変換の比較例——1次遅れ系での例題 ··············· 114
 8.4 マルチレートサンプリング ···························· 117
  8.4.1 マルチレートサンプリングによるディジタル再設計 ······ 118
 8章の問題 ·· 123

付録A フーリエ級数のまとめ 124

 A.1 フーリエ級数 ·· 124

付録B 相数および座標軸の変換と3相インバータを2相で制御する変換例 126

 B.1 3相/2相変換 ·· 126
 B.2 静止座標/回転座標の変換 ···························· 128
 B.3 3相線間電圧制御と2相/3相変換の関係 ················ 129

付録C PMモータおよび誘導機の回路方程式などの導出 133

 C.1 円筒型PMモータの状態方程式 ························ 133

C.2	誘導機の回路方程式	136
C.3	回転体の運動方程式	139

問題略解 — 140

2 章の問題の解答 140
3 章の問題の解答 141
4 章の問題の解答 143
5 章の問題の解答 145
6 章の問題の解答 146
7 章の問題の解答 149
8 章の問題の解答 150

参 考 文 献 — 155

索 引 — 160

1 パワーエレクトロニクスとは

　本章では，パワーエレクトロニクスの応用分野を中心に述べる．身の回りには，パワーエレクトロニクスの恩恵によるものであふれていることに気づく．電気で動くものは何らかの形で，電気エネルギーを有効に使うための技術，すなわち，パワーエレクトロニクス技術に支えられている．また，産業用の電気機器として，われわれが直接目にすることが少ない分野にも普及が進んでいる．実際の製品例として，全部で **6** つの製品例を示した．

　なお，本書の構成としては，**2** 章までが基礎編で，**3** 章でスイッチングについて述べ，**4** 章から **8** 章まではパワーエレクトロニクスの制御を中心に述べた．

> **1章で学ぶ概念・キーワード**
> - パワーエレクトロニクス
> - 非線形回路
> - スイッチング
> - 制御
> - パワーエレクトロニクス応用分野

1.1 パワーエレクトロニクスとは何か

パワーエレクトロニクスとは『工学的に役立つように電気エネルギーの周波数や振幅および位相を変化させる技術』と要約することができる．

その特徴を3要素分野に分け，また応用分野を2つに分類すると図1.1に示したような図が描ける．

1つ目の分野はスイッチの機能をする半導体，スイッチングデバイスを扱う分野である．2つ目は，非線形回路といい，スイッチを用いることにより，電気回路が線形ではない振る舞いをするので，これを扱う分野である．3つ目は，1と2を組合せて制御する分野である．これら3つを示したものが図1.1で，非線形回路とスイッチングデバイスと制御の3つの分野の融合したところがパワーエレクトロニクスである．

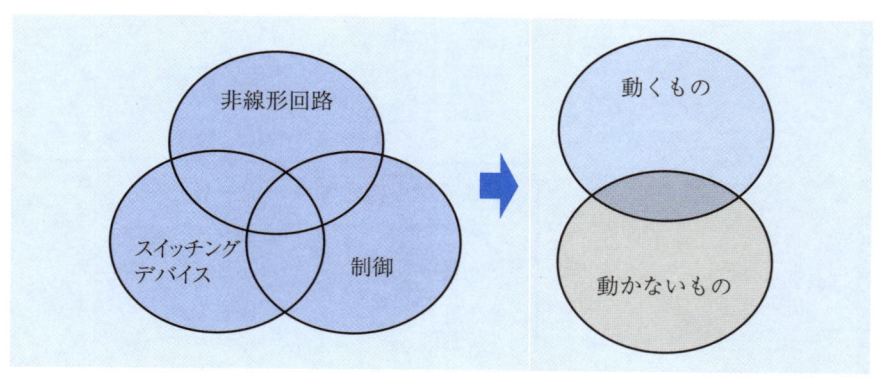

図1.1 パワーエレクトロニクスの3要素分野と応用分野

1.2 パワーエレクトロニクス応用分野

図 1.1 で示したように，この応用分野を大きく 2 つに分けると，電気で物が「動くもの」「動かないもの」という点に注目して分類できる．これを表 1.1 に示した．

「動くもの」といっても抽象的なので，具体的に説明すると，1 つ目は家電，つまりエアコン・冷蔵庫・洗濯機・掃除機，というような電気で機械的に動くものである．2 つ目は，OA（Office Automation）や AV（Audio Visual）で，具体的には FDD・CD・MD・HDD・DVD・プリンタなどである．3 つ目は交通分野で，具体的には電気自動車・電車・新幹線・エレベータ・エスカレータ・リニアモーターカなどである．このように電気で動く交通手段にはパワーエレクトロニクスの技術が使われている．また 4 つ目は産業用である．工場の中にあるものなので，なじみが薄いが，あえていえば，工場内にあるロボット・加工機械・工作機械・圧延機・クレーンなどである．非常に種類が多いが，一般にはあまり知られていない．5 つ目としては，人間型ロボットやエンターテインメントロボットのように電気で動き回るようなものに使われている．以上の通り「動くもの」はおおまかに 5 つに分類することができるのである．

表 1.1 パワーエレクトロニクス応用分野

動くもの … 主としてモータ駆動	
①	家電：エアコン，冷蔵庫，洗濯機，掃除機など
②	OA，AV：FDD，CD，MD，DVD，プリンタなど
③	交通：電気自動車，電車，新幹線，エスカレータ，エレベータなど
④	産業用：工場内工作機械，クレーンなど
⑤	エンターテインメント：人間型ロボット
動かないもの … 主として電気エネルギー源	
①	電源：直流電源（コンピュータや各種電気機器用），無停電電源　太陽光発電，分散電源
②	産業用：直流送電，周波数変換，電力用アクティブフィルタ
③	高周波電源：IH（調理用），照明

4 　　　　第1章　パワーエレクトロニクスとは

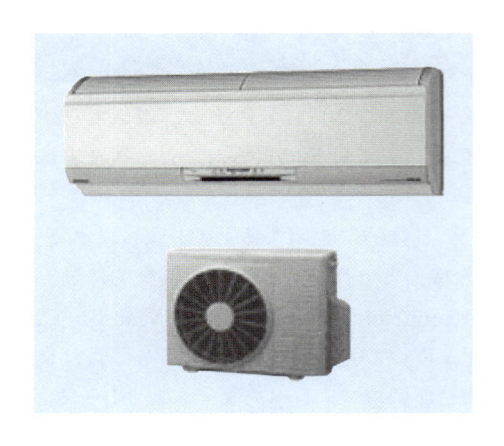

写真1.1　PAMエアコン
　日本のエアコンでは，交流入力部に力率改善用コンバータを使うのが一般的になった．コンバータによって直流電圧を昇圧すれば，インバータではPAMにより損失を抑え，かつ，高電圧設計のモータの効率も向上し，全体効率の向上に効果がある（写真提供：日立）．

写真1.2　コードレス掃除機
　コードもなくし，また，モータの位置センサもない，レスレス掃除機（型名：CV-XG20）．駆動系はPMモータのベクトル制御を実装．小型軽量化が実現（写真提供：日立ホーム・アンド・ライフ・ソリューション）．

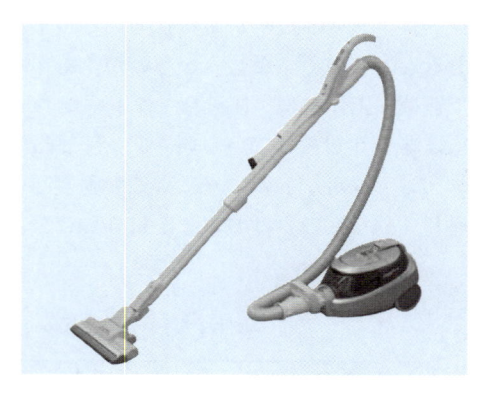

写真1.3　燃料電池電気自動車
　未来の都市生活にベストマッチのFCV（燃料電池自動車）コミューターカー「エフィス」．駆動系は，1つのモータで2つの出力軸を個別に制御することを可能とした小型・高効率のスーパーモータをインバータで制御するもの（写真提供：日産自動車）．

1.2 パワーエレクトロニクス応用分野 5

写真 1.4 リニアモータカー
山梨実験線で走行試験が行われている超電導磁気浮上式鉄道．2003 年，鉄道の世界最高速度 581 km/h を記録した．リニアシンクロナスモータを世界最大級のインバータで駆動している（写真提供：東海旅客鉄道）．

写真 1.5 エンターテインメントロボット
ソニーエンターテインメントロボット QRIO（型名：SDR–4XII）．全身の 38 個のアクチュエータはパワーエレクトロニクスの技術により駆動され，人間らしい動作を実現している（写真提供：ソニー）．

写真 1.6 高効率な UPS
コンピュータや半導体製造ラインなどの入力電源として用いられる UPS（無停電電源）では，より小型・高効率・高性能化が進められている（GX シリーズ 700VA，写真提供：富士電機システムズ）．

「動かないもの」でパワーエレクトロニクスが使われているものとしては，3つに分類できる．まず1つ目は電源といわれているもので，一番わかりやすい例では無停電電源（UPS）であろう．銀行のコンピュータが止まってしまうと非常に困るので，絶対に停電しないように，電力会社から供給される電気が停電しても必ずコンピュータに電気を供給し続けるようになっている．そういうものを無停電電源といい，その主回路にパワーエレクトロニクスの技術が使われている．我々の使っているパソコンは直流の電気で動いているので，直流で安定に電気を供給するもの，あるいは携帯電話のような通信機器の電気を安定に供給するものは，直流電源と呼ばれている．太陽光発電した直流の電気をインバータで商用周波数に変えるものも電源といえる．これらは全て電気的に処理しており，物理的には動かないが電気的には動いている．2つ目は産業用機器として使われているもので，例えばアクティブフィルタと呼ばれ，電力会社の供給する電気の中の歪んだ電気（高調波電流）をきれいにする（抑圧する）装置がある．別の例としては周波数変換と呼ばれ，関西と関東で電気の周波数が 60 Hz と 50 Hz と違うので，その周波数を変換して電気を融通する装置である．直流送電といって，北海道と本州，あるいは四国と関西を直流で電気を送るものもあり，これにもパワーエレクトロニクスの技術が使われている．3つ目は，高周波電源である．例えば家電などでインダクションヒーティング（IH）といって，電磁波を使って鍋を温めるものがある．ほかにはインバータ照明の電源であり，従来の蛍光灯とは違って，高い周波数で照明するものである．

このように応用分野は物理的に「動くもの」と「動かないもの」とに分類できる．パワーエレクトロニクスの応用分野にはいろいろな種類があり，我々の身の回りで電気を使っているところでは，上述した技術をどこかで使っていることになる．ここ 20〜30 年ぐらいでパワーエレクトロニクスの応用が広がり，我々はパワーエレクトロニクスの恩恵を受けるようになった．

本書では，このパワーエレクトロニクスの基礎的な考え方に触れながら，特に制御部分に重点を置いた内容について詳しく述べる．

2 スイッチング現象とパワーエレクトロニクス固有の現象

　本章では，パワーエレクトロニクスの固有の特徴は何かということについて述べる．前半では，パワーの流れをオンやオフなどのようにディジタル的に扱うために必要なスイッチング現象について述べる．変換効率を向上するには，半導体スイッチ自体の性能を向上するか，または，その使い方を工夫するしか方法はない．デバイスの種類やスナバ回路の特徴などについてまとめた．また，後半では，スイッチをオン・オフさせることによる制御の特徴——パワーエレクトロニクス固有の制御——と，ディジタル回路の制御周期とオン・オフのスイッチング周期が近い場合の制御などについてまとめた．具体的なモデル化は 4 章に詳しい．

---

2 章で学ぶ概念・キーワード
- スイッチング現象，スイッチング損失
- PAM，スイッチングデバイス
- スナバ回路
- パワーエレクトロニクス制御の特徴，離散時間モデル，ディジタル制御

2.1 はじめに

半導体スイッチングデバイスをオン（閉じる）させることとオフ（開く）させることを繰り返すことにより，電気回路の2点間を接続したり，開放したりする現象はパワーエレクトロニクスの固有の現象である．

図2.1に示した例では出力電圧 v_R はパルス状に $0\,[\mathrm{V}]$ か $E\,[\mathrm{V}]$ に変化する．したがって，出力が1か0かへ変化するディジタル回路と似ている．

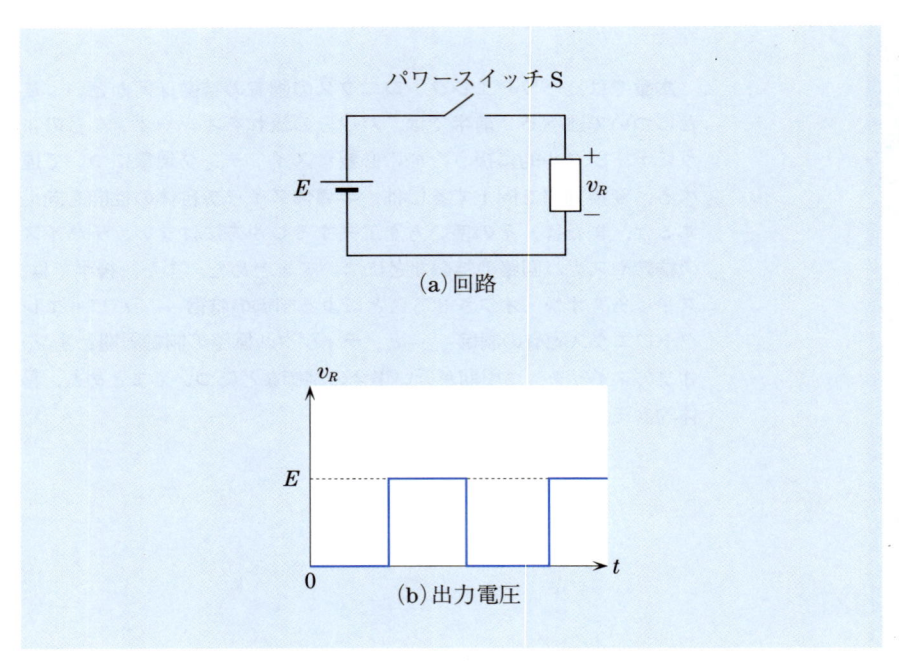

図 2.1 スイッチング動作の説明図

半導体スイッチがオン状態からオフ状態へ変化する現象，またはオフ状態からオン状態へ変化する現象そのものは半導体デバイス固有の性質およびオン/オフ信号の与え方によるので非常に複雑である．

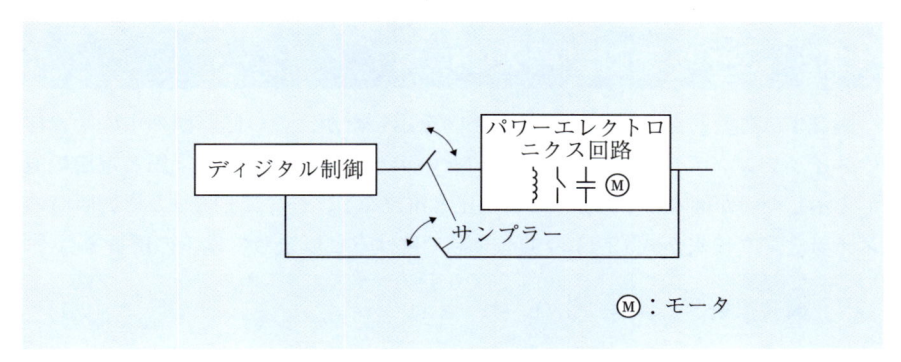

図 2.2　ディジタル制御系

このスイッチング現象を簡略化した解析については，2.2 節で述べる．

一方，このような電気回路を制御するとき，プラント（パワーエレクトロニクス回路）が非線形な性質を有すること，またコンピュータの発達によりディジタル制御が増えてきたことを考慮すると，図 2.2 に示したように，パワーエレクトロニクス制御に固有の特徴が存在する．すなわち，パワーエレクトロニクス回路はスイッチング回路を含んでいるので，ある有限時間の間は 1 つの回路状態になり，スイッチのオン/オフの状態が変化すると別の回路状態になる．そしてある回路状態をどのくらいの時間続けるかを外部から制御することができる．

制御量が 0 か $+E$ か $-E$ のように離散的であると同時に，制御可能な時刻（タイミング）も離散的になる．これについて 2.5 節で述べる．

2.2 スイッチング損失の復習

図 2.3 に典型的なインバータの回路図を示したが，この回路図の中の半導体のスイッチングデバイスに注目して，そのデバイスの両端での電圧と電流の波形を示したのが図 2.4 である．この電圧と電流を v_S と i_S で定義すると，瞬時のスイッチング損失が式 (2.1) のような形で書けると仮定して以下の解析を行う．

瞬時損失　　$P_t(t) = v_S(t) i_S(t)$ (2.1)

$v_S(t)$，$i_S(t)$ は，直線的に変化すると仮定して次式で表現する．

$$v_S(t) = E \frac{T_{SW} - t}{T_{SW}} \tag{2.2}$$

$$i_S(t) = I \frac{t}{T_{SW}} \tag{2.3}$$

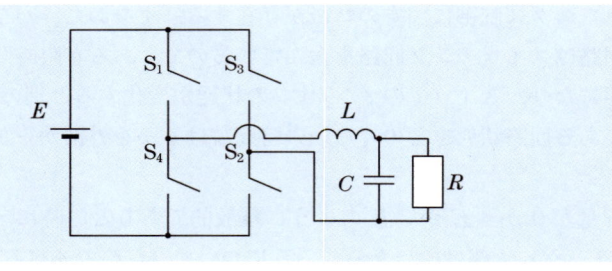

図 2.3　単相インバータ（S_1〜S_4 はスイッチングデバイス）

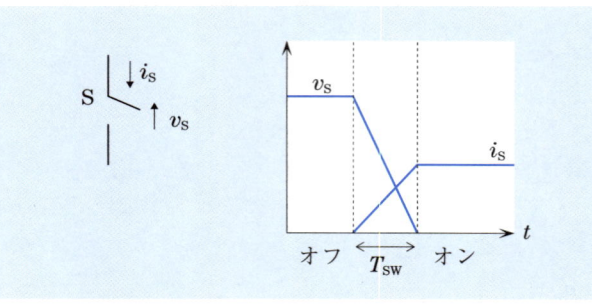

図 2.4　スイッチングデバイスのターンオン時の時間波形（T_{SW} はスイッチング時間）

2.2 スイッチング損失の復習

ただし，直流電圧源，定常状態の電流を E, I と仮定する．T_{SW} は図2.4で定義したスイッチング時間．平均損失は次式で求まる．

$$
\begin{aligned}
\overline{P}_{\mathrm{SW}} &= \frac{1}{T_{\mathrm{SW}}} \int_0^{T_{\mathrm{SW}}} P_{\mathrm{t}}(t) dt \\
&= \frac{1}{T_{\mathrm{SW}}} \int_0^{T_{\mathrm{SW}}} EI \frac{(T_{\mathrm{SW}} - t)t}{T_{\mathrm{SW}}^2} dt \\
&= \frac{1}{6} EI \quad [\mathrm{W}]
\end{aligned} \tag{2.4}
$$

これ以外にも2種類のロスがある．スイッチがオンしているオン状態損失と，スイッチがオフしているオフ状態損失があり，これを全部たすと，式 (2.5) のように全体の平均損失が求まる．

━全体の平均損失━

$$
\overline{P}_{\mathrm{t}} = \frac{\frac{1}{6} EI \cdot 2T_{\mathrm{SW}} + V_{\mathrm{on}} \cdot I \cdot T_{\mathrm{on}} + E \cdot I_{\mathrm{leak}} \cdot T_{\mathrm{off}}}{T} \tag{2.5}
$$

$$
\approx \frac{EI}{6} \cdot 2 \cdot \frac{T_{\mathrm{SW}}}{T} + V_{\mathrm{on}} \cdot I \cdot \frac{T_{\mathrm{on}}}{T} \tag{2.6}
$$

ただし，次の記号および仮定を用いた．

スイッチング周期 $T = T_{\mathrm{on}} + T_{\mathrm{off}} + 2T_{\mathrm{SW}}$，$1/T$ はスイッチング周波数
T_{on} はオン時間
T_{off} はオフ時間
ターンオン時間とターンオフ時間は等しく T_{SW} と仮定
V_{on} はスイッチングデバイスのオン電圧
I_{leak} はスイッチングデバイスのもれ電流で非常に小さい

式 (2.5) をよくみると大きい項と小さい項があるので，第3項を無視すると式 (2.6) になる．

また，この式 (2.6) をよくみると特徴が2つある．

1つは，スイッチング周波数（$1/T$）を上げると損失が増える，ということが式 (2.6) の第1項よりわかる．したがって，普通インバータのスイッチング周波数は数 kHz から数十 kHz だが，徐々に周波数を上げていくとエネルギー

の変換効率も下がる．例えば直流から交流に変換する場合や，エアコンで部屋を冷やそうとするときなど，エネルギー的な損失はスイッチング周波数が上がると増えるので，できるだけ周波数は下げるか，あるいはスイッチングによる損失が小さくなるように何か工夫をする，ということになる．

　もう1つは，オン損失のほうで，式 (2.6) の第2項である．これよりオン損失は，スイッチング周波数に関わらずほぼ一定であることがわかる．スイッチングデバイスのオン電圧を小さくすれば損失は減るので，全体としての効率は上がる．

　最近「PAMインバータ」という名前を耳にするが，これは第1項のスイッチング周波数を上げると損失が増える，というところに注目して，スイッチング周波数を上げないで損失を減らし，省エネのインバータを作る，という考え方をもとにした製品である．

　スイッチング周波数を上げるとエネルギー効率の点では，確かによくないが，一方でスイッチング周波数が低いと，制御性あるいは応答性が悪化する．相反する点であり，高性能の非常に制御性のよいインバータを作るためにスイッチング周波数を上げると損失が増えるので，エネルギー的には省エネができない．しかし，省エネをしようと思ってスイッチング周波数を下げると，性能のよいインバータが実現できないので，様々な面で困る．例えば，エアコンにおいて気温が高いので温度を下げようとしても，急には温度が下がらないなどということが起きるのである．

　結局，スイッチング周波数を下げて制御性を多少犠牲にして省エネをするかどうかのさじ加減がエンジニアとして一番面白いところではある．

　また，スイッチング周波数を上げると，一般に部品を小さくできる．したがって小型軽量化しようと思うと，周波数を上げたほうがよいが，周波数を上げると効率が下がるため，省エネはできない．

2.3 スイッチングデバイス

スイッチの機能としては,電流の方向が1方向か2方向かによって大きく分類できる.

さらに,順方向に電圧をかけるとオンするもの(ダイオード),順電圧が付加されている状態で制御信号を加えるとオンするが,制御信号を取り去ってもオンし続けるもの(サイリスタ),制御信号が入っている間だけオンし,制御信号を取り除くとオフするもの(パワートランジスタ,パワー MOSFET,GTO など)に分類できる.

また,逆方向に流れ耐圧のないものや逆方向には導通しないもの(逆阻止スイッチ),またはそれを組合せた双方向スイッチなどがある.

これらを表 2.1 にまとめた.

双方向スイッチを用いた回路や SiC の半導体デバイスは,これからのパワーエレクトロニクスを大きく変化させるかもしれない.

表 2.1 スイッチング素子の機能別分類

電流	非可制御	オン機能可制御	オン/オフ機能可制御
1 方向	または ダイオード	サイリスタ	パワートランジスタ パワー MOSFET IGBT
2 方向		トライアック	双方向スイッチ

14　第 2 章　スイッチング現象とパワーエレクトロニクス固有の現象

一方で，代表的な各種スイッチングデバイスの種類とおよその最大定格・スイッチング周波数をまとめたのが表 2.2 である．詳細は，カタログや各社のホームページを参考にされたい．共通的なスイッチング特性としては，以下のようなものがあげられる．

---**共通的なスイッチング特性**---

(1)　電圧定格
(2)　電流定格
(3)　スイッチング周波数（どのくらいのスイッチング周波数で使えばデバイスを破壊しないか――主に発熱によって決定）
(4)　オン状態での電圧（オン状態電圧またオン電圧）
(5)　最大電力損失（許容損失の最大値）
(6)　電力利得（どのくらいのエネルギーの制御信号でオン/オフが行えるか）

表 2.2　各種電力用スイッチング素子のおよその最大定格とスイッチング周波数

素子の名称	最大の電圧-電流定格	およそのスイッチング周波数
ダイオード（整流器用）	2800 V–3500 A	数十 Hz
（フライホイール用）	6000 V–3000 A	数百 Hz
SiCSBD	1200 V–10 A	数十 kHz
光（トリガ）サイリスタ	8000 V–3500 A	数十 Hz
GTO サイリスタ	6000 V–6000 A	数百 Hz
GCT（GTO の改良型）	6000 V–6000 A	数百 Hz
パワートランジスタ（モールド）	400 V–15 A	数 kHz
パワー MOSFET	600 V–50 A	数十 kHz
IGBT/IEGT	4200 V–2100 A	数百 Hz
（モジュール）	1400 V–600 A	数 kHz
（モジュール）	600 V–300 A	数 kHz

（2004 年当時）

2.3 スイッチングデバイス

大体の目安がわかれば，電力変換回路を設計するときにスイッチングデバイスの選定が可能になる．

各名称とごく簡単な説明は次の通りである．

① **ダイオード**：1方向性非可制御スイッチ．pn接合．
② **パワートランジスタ**：ベース電流による1方向性オン/オフ機能可制御スイッチで逆耐圧はない．平型のものはインターネット上ではみつからず，モールドタイプで，400 V–15 A 程度．数 kHz のスイッチング周波数．
③ **パワー MOSFET**：ゲート電圧による1方向性オン/オフ機能可制御スイッチで逆耐圧はない．最大で 600 V–50 A 程度．数十 kHz 程度のスイッチングが可．
④ **IGBT**：トランジスタと FET の複合デバイスで，ゲート電圧による1方向性オン/オフ機能可制御スイッチ．いろいろな電圧/電流の組合せの製品が供給されている．第四世代のオン電圧の低いものが主流．最大定格では 4200 V–2100 A で，数百 Hz のスイッチングが可能．モジュールタイプの 1400 V–600 A や 600 V–300 A のものであればスイッチング周波数を高くできる．さらに，改良版として IEGT（Injection Enhanced Gate Transistor）がある．
⑤ **サイリスタ**：pnpn 構造でゲート電流に1方向性オン機能可制御スイッチ．数十 Hz 程度のスイッチングが可能．逆耐圧あり．
⑥ **光（トリガ）サイリスタ**：前記⑤のサイリスタとほぼ同じで，違いはゲート電流のかわりに光でオン．最大定格で，8000 V–3500 A 程度．
⑦ **GTO サイリスタ**：ゲートからの電流抽出でオフできる1方向性オン/オフ機能可制御スイッチ．現在 6000 V–6000 A 程度．数百 Hz 程度のスイッチングが可．
⑧ **SiCSBD**：新しい素材 SiC を用いたショットキーバリアダイオードで，1200 V–10 A 程度が市販されている．

最新データは，表 2.2 または以下のホームページを参照のこと．

http://www.fujielectric.co.jp/fdt/scd/catalog/catalog.html
http://www.semicon.melco.co.jp/products/power/index.html
http://www.semicon.toshiba.co.jp/prd/tr/index.html
http://www.hitachi.co.jp/Div/ise/pdevice/index-j.htm
http://www.semicon.toshiba.co.jp/prd/scr/index.html
http://www.eupec.com/gb/index.html

2.4 スナバ回路とエネルギーバランス

スイッチング動作にともない，配線などのインダクタンスによってはスイッチングデバイスの両端に高い電圧が発生する．この場合はスイッチングデバイスの両端にスナバ回路という名前の回路を取り付けて，両端に発生する過電圧を抑制する対策をとる．普通，そのスナバ回路は図 2.5(a)，(b) に示したように，コンデンサと抵抗を直列に接続したようなものをデバイスの両端につける．この節では RC 回路に充電するときにどのくらいエネルギーの損失があるかを検討する．

解析用として図 2.6 に抵抗とコンデンサと直流電源の回路を示した．この回路において，コンデンサに電圧 V を加えると，よく知られているように，コンデンサには $(1/2)CV^2$ というエネルギーが貯まる．ただし，C はコンデンサの

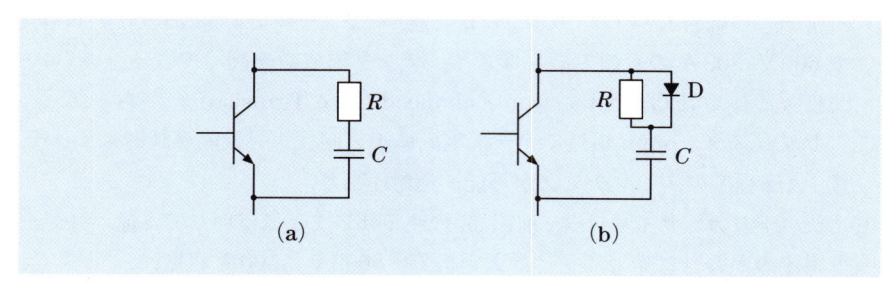

図 2.5 スナバ回路の例

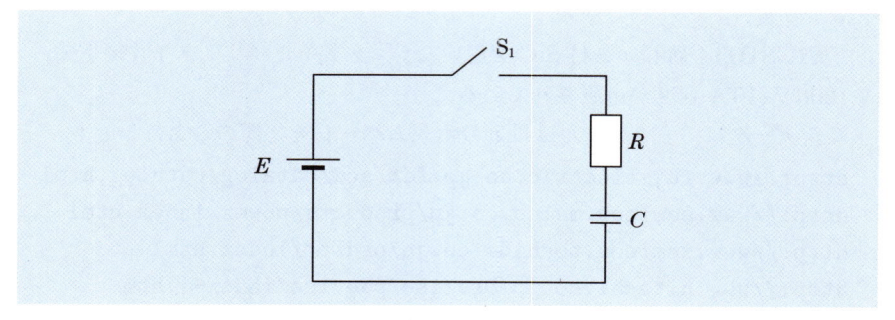

図 2.6 解析用 RC 回路–1

容量. 一方, コンデンサの初動電圧が 0 の場合, 時刻 $t=0$ でスイッチ S_1 を閉じるとコンデンサの電圧と電流は, 次式のようになる.

$$v(t) = E(1 - e^{-t/\tau}) \tag{2.7}$$
$$i(t) = (E/R)e^{-t/\tau} \tag{2.8}$$

ただし,

$$\tau = RC \tag{2.9}$$

で, E は直流電圧, R は抵抗, C は静電容量.

したがって, 充電中に抵抗で消費されたエネルギー E_{R1} は

$$E_{R1} = \int_0^\infty i^2 R dt = \frac{1}{2}CE^2 \tag{2.10}$$

となり, キャパシタに充電されるエネルギーと等しくなる.

以上のことから, 図 2.5 (a) のようなスナバ回路を付けると $(1/2)CE^2$ のロスがあるように思われるが, 実際はその 2 倍のロスがある.

次に, もっと現実に近い状態で考察しよう.

スイッチングデバイスの両端に発生する電圧 e が図 2.7 に示すようにスイッチング時間 T_{SW} (図 2.4 参考) で直線的に変化する場合を考えてみる.

充電電流を i, キャパシタの電圧を v, キャパシタの初動電圧を 0, 電圧源 e を次式 (2.11) と仮定する.

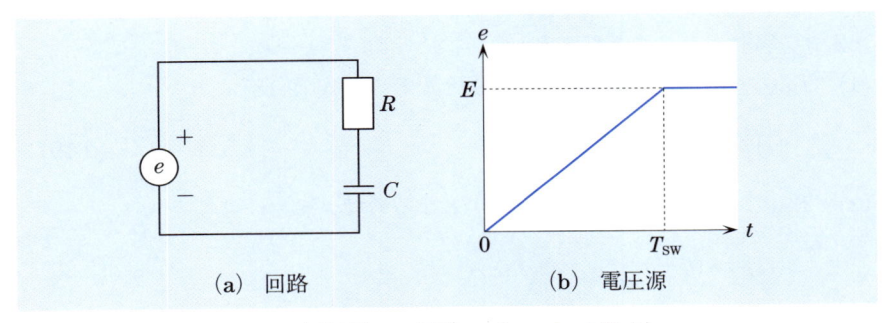

(a) 回路　　　(b) 電圧源

図 2.7　解析用 RC 回路–2 ($e = kt$ の場合)

$$e = kt \tag{2.11}$$

ただし，

$$kT_{\mathrm{SW}} = E \tag{2.12}$$

図 2.7 に関して電圧および電流の微分方程式は，次式となる．

$$Ri + v = e \tag{2.13}$$
$$i = C\frac{dv}{dt} \tag{2.14}$$

式 (2.11), (2.14) を式 (2.13) に代入すると，

$$RC\frac{dv}{dt} + v = kt \tag{2.15}$$

となるので，これを解くと一般解は

$$v(t) = Ae^{-t/\tau} + k(t - \tau) \tag{2.16}$$

となる．初期値 $v(0) = 0$ を使うと，

$$v(t) = k\left\{\tau(e^{-t/\tau} - 1) + t\right\} \tag{2.17}$$

となる．

したがって，$t = T_{\mathrm{SW}}$ のとき，

$$v(T_{\mathrm{SW}}) = k\left\{\tau(e^{-T_{\mathrm{SW}}/\tau} - 1) + T_{\mathrm{SW}}\right\} \tag{2.18}$$

となる．

2 つの場合をさらに考察する．

(1) $T_{\mathrm{SW}} \ll \tau$ の場合，$T_{\mathrm{SW}}/\tau \ll 1$ となるので式 (2.18) より

$$v(t) \approx kt \tag{2.19}$$

(2) $T_{\mathrm{SW}} \gg \tau$ の場合，$T_{\mathrm{SW}}/\tau \gg 1$ となるので $t > \tau$ に対して

$$v(t) \approx k(t - \tau) \tag{2.20}$$

いずれの場合も充電電流 i は，$C\dfrac{dv}{dt}$ で求まるので

2.4 スナバ回路とエネルギーバランス

$$i(t) \approx kC = \frac{C}{T_{\mathrm{SW}}}E \tag{2.21}$$

したがって，時間 $[0, T_{\mathrm{SW}}]$ に抵抗 R で消費されるエネルギー E_{R2} は

$$\begin{aligned}E_{R2} &= \int_0^{T_{\mathrm{SW}}} R\left(\frac{C}{T_{\mathrm{SW}}}E\right)^2 dt \\ &= \frac{2R}{T_{\mathrm{SW}}} \cdot \frac{1}{2}CE^2 \end{aligned} \tag{2.22}$$

さらに，考察として図 2.5(b) のように抵抗のかわりにダイオードを用いた回路の解析には，図 2.7(a) の抵抗 R を一定のオン電圧 V_0 を有するダイオードと仮定する．

充電電流 $i(t)$ は式 (2.21) と同等にして

$$i(t) \approx C\frac{dv}{dt} = \frac{C}{T_{\mathrm{SW}}}E \tag{2.23}$$

となるので，このダイオードでの消費エネルギーを E_{D} とおくと

$$E_{\mathrm{D}} = \int_0^{T_{SW}} V_{\mathrm{D}}\frac{C}{T_{\mathrm{SW}}}E\,dt = \frac{2V_{\mathrm{D}}}{E} \cdot \frac{1}{2}CE^2 \tag{2.24}$$

となる．

以上の結果より，

① 単純に抵抗 R を一定直流電圧で充電した場合の損失 E_{R1} (式 (2.10))
② スイッチの端子電圧が線形に上昇すると仮定した場合の RC スナバでの損失 E_{R2} (式 (2.22))
③ 同じ条件で RD スナバでの損失 E_{D} (式 (2.24))

の比は次式となる．

$$\begin{aligned}E_{R1} : E_{R2} : E_{\mathrm{D}} &= \frac{1}{2}CE^2 : \frac{2R}{T_{\mathrm{SW}}} \cdot \frac{1}{2}CE^2 : \frac{2V_{\mathrm{D}}}{E} \cdot \frac{1}{2}CE^2 \\ &= 1 : \frac{2R}{T_{\mathrm{SW}}} : \frac{2V_{\mathrm{D}}}{E}\end{aligned} \tag{2.25}$$

したがって，スイッチングデバイスの特性 ($T_{\mathrm{SW}}, V_{\mathrm{D}}$) や出力電圧 E を考慮し，さらにキャパシタに充電されたエネルギーをいかにして回収するかを含めて最適なスナバ回路が存在する．

この対策案としては，共振スイッチなどによる省エネ対策やデバイス特性の向上などに関して研究が行われている．

2.5 パワーエレクトロニクスの制御の特徴

パワーエレクトロニクスの基本機能は，電気エネルギーの形を工学的に使いやすいように形を変えることであるとも定義できる．例えば，インバータを例に取れば，この電力変換器に接続される負荷の特性に合わせて，インバータの出力電圧を制御したり，あるいは，モータ負荷の出力特性を向上させるために必要な電流をモータに供給するなど，いろいろな要求事項がありうる．それを実現するとき，スイッチングデバイスのスイッチング速度と，要求される制御速度との関係によって，制御の実現方法および制御に，パワーエレクトロニクス固有の制御が出現する．すなわち，スイッチによる非線形回路，多重ループ性，離散時間制御などである．以下ではパワーエレクトロニクス制御の特徴の観点から各種制御を概説する．

2.5.1 制御ループの多重制御

パワーエレクトロニクスの制御システムは制御ループが多重になっており（例えば，マイナーループとしての電流ループ，電圧ループ，トルクループ，速度ループ，位置ループなど），それぞれのループへ各種制御則が適用されるため，一概に制御を分類することは難しい．また，電力変換回路のトポロジーの変化により，最適な制御則が変化する．

パワーエレクトロニクス回路によく用いられる制御則を下位のものから羅列すると，
 (1) P, PI, PID 制御
 (2) 三角波比較 PWM 制御
 (3) ヒステリシス制御
 (4) 2相/3相変換，回転座標変換
 (5) 状態空間スイッチング制御
 (6) その他（ROM化したスイッチングパターンなど）
さらに，制御対象まで含めると，
 (7) ベクトル制御
 (8) 状態フィードバック制御（デッドビートなど）
 (9) 外乱推定オブザーバを含めたロバスト制御

(10) スライディングモード，ファジィ，ニューロなどの非線形制御
(11) 無効電力，有効電力制御
(12) その他（センサレスなど）

などがあげられる．

例題 2.1（PWM インバータでの制御例）

図 2.8 に示す単相 PWM インバータにおいて，出力側の負荷の両端の電圧を正弦波にするために，前述の制御則がどこで使われるかを検討せよ．なお，制御ループは，インバータのスイッチ S_1 および S_2 のスイッチングパターンをどう決めるかという制御と，出力の正弦波の振幅を目標値に等しくする制御とから構成される．

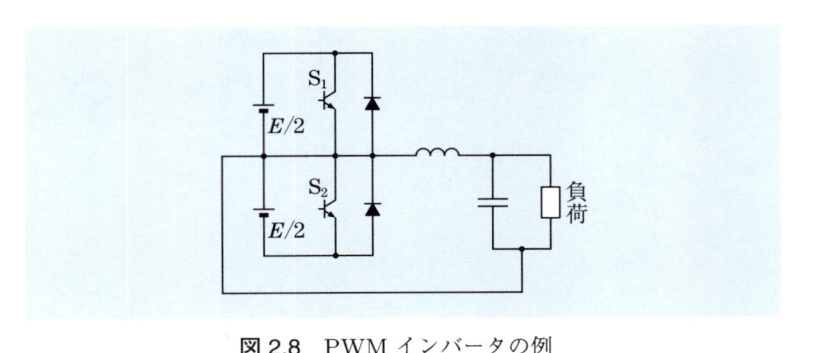

図 2.8 PWM インバータの例

【解答】 まず，スイッチングパターンの決め方の制御について述べる．図 2.8 のスイッチ S_1 および S_2 のオン/オフを決めるのは，図 2.9 に示したような三角波比較法（または正弦波 PWM）が広く用いられる．基準波と三角波をコンパレータを用いて比較し，その結果 S_1 か S_2 をオン/オフさせる．この手法の特徴は，
① スイッチング周波数が三角波のキャリア周波数で決まる
② キャリア周波数よりも早い応答が出せない

などである．

図 2.10 は，ヒステリシス制御といわれる手法で，実際の電圧と基準電圧を比較し，その差をヒステリシスのあるコンパレータへ入れ，その出力で S_1 か S_2

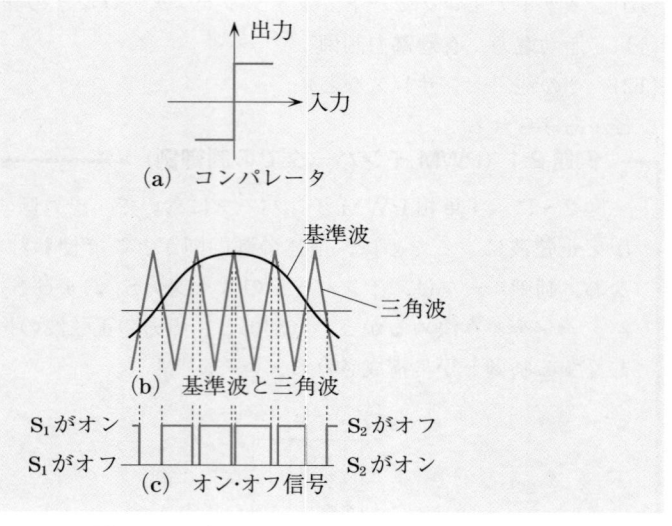

22 第 2 章 スイッチング現象とパワーエレクトロニクス固有の現象

(a) コンパレータ

(b) 基準波と三角波

(c) オン・オフ信号

図 2.9　三角波比較 PWM

(a) ヒステリシスコンパレータ

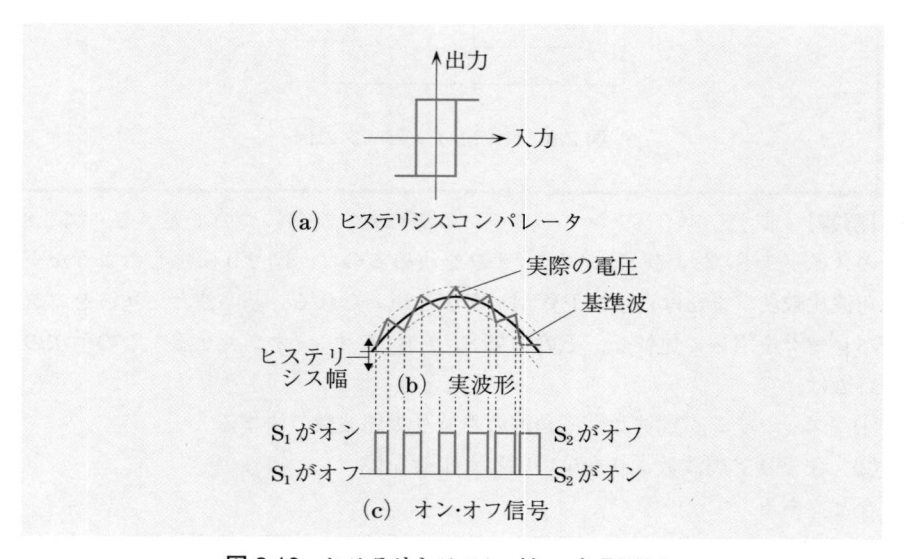

(b) 実波形

(c) オン・オフ信号

図 2.10　ヒステリシスコンパレータ PWM

のオン/オフを決定する．この手法は，① 応答が早い，② 簡単 などの特徴があるが，欠点としてはスイッチング周波数が一定でないなどもあげられる．ヒステリシス制御は電流制御によく用いられる．

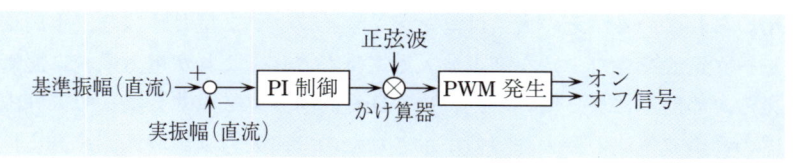

図 2.11 振幅制御の例

次に，出力の正弦波電圧の振幅を制御する手法を述べる．一例を図 2.11 に示す．実測の正弦波振幅からこれに比例する直流信号を作り，基準直流信号を比べ，その誤差信号を PI（比例積分）制御器へ入れ，その出力に sin 関数をかけ算し，これを正弦波基準信号とする方法が考えられる．さらにこの信号は，三角波比較やヒステリシス制御の基準信号（図 2.9 および図 2.10 参照）として使用されることになる．P（比例）制御，PI 制御，PID（比例積分微分）制御は古典制御と呼ばれ，ゲイン調整に経験を必要とするが，チューニングに時間をかければ，大抵のシステムで安定に働くのでよく用いられる．■

以上の例は，アナログ要素（オペアンプ，抵抗，コンデンサなど）で構成可能であるが，経年変化を免れないため，最近は全ディジタル制御へ移行しつつある．

ディジタル制御へ移行する際の考え方として，
① 基本的にアナログ制御則をそのまま置き換える場合
② サンプラーを含めてアナログ制御をディジタル制御に置き換える場合
③ 離散時間モデルを作ってから制御則を作り直す場合
などがある．一般に，離散時間モデルを作ったほうが，各種線形/非線形制御が使えるので，柔軟性に富んだ制御が実現できる．

2.5.2 機器別制御法の概要

ここでは，基本的な電力変換機の制御の基本を概説し，具体論は 4 章以下で述べる．また，負荷特性も含めたシステムの性能向上の制御，例えば，ベクトル制御やモーションコントロールに関しては他書，例えば文献 [3], [8], [10], [69], [70], [72] に譲る．また，技術的な専門的問題点も電気学会雑誌などの論文に譲

る．むしろ，機器別にどのような制御が存在し，問題となっているのかという点について述べる．

まず，整流器であるが，これはほとんどの電気機器，特に家庭内電気機器で用いられている．その大半はコンデンサインプット型と呼ばれ，半周期ごとにピーク電流を含むような高調波入力電流が流れ，これが電力系統に悪影響を与えるため問題になっている．特に，IEC（国際電気標準会議）で家庭内電気機器の高調波電流の最大許容値が示されたので，入力高調波電流を抑え，かつ高力率の整流器の各種制御および各種回路方式が話題となっている．

次に，インバータでは，定電圧定周波数（CVCF）と可変電圧可周波数（VVVF）とに分けられる．前者は主として無停電電源装置に用いられ，出力電圧の制御が必要で，非線形負荷線形負荷に対する瞬時電圧制御，デッドビート制御，繰り返し制御などが存在する．後者のVVVFでは，各種交流モータとの組合せで用いられることがほとんどで，ベクトル制御，空間ベクトルによるスイッチングパターンの制御，各種センサレス制御，パラメータ同定手法などの制御があげられる．さらに，大電力化という点では，3レベルインバータなどのような高電圧のインバータの制御もあげられる．また，共振型インバータ，あるいはソフトスイッチングインバータと呼ばれている回路方式の出力電圧制御の研究論文も多い．

DC/DCコンバータでは，高周波化，小型軽量化の技術が望まれ，共振型のスイッチング回路が注目を浴び，その制御，動作解析に研究論文が多い．

サイクロコンバータでは，高周波強制スイッチ，あるいは，逆阻止スイッチを用いたマトリックスコンバータと呼ばれる回路の出力電圧や入力電流の制御が新しい．

電力系統に用いられる無効電力補償器，アクティブフィルタなどの制御，また分散電源の逆潮流などの研究も盛んである．

さらに，電力変換器とモータを組合せて1システムととらえると，スライディングモード制御，外乱推定オブザーバ，ニューロ，ファジーH制御などがあり，話題は尽きない．

2.5.3　パワーエレクトロニクス制御システム構成論

パワーエレクトロニクスを含む制御システムの構成としては，電力変換回路，

2.5 パワーエレクトロニクスの制御の特徴

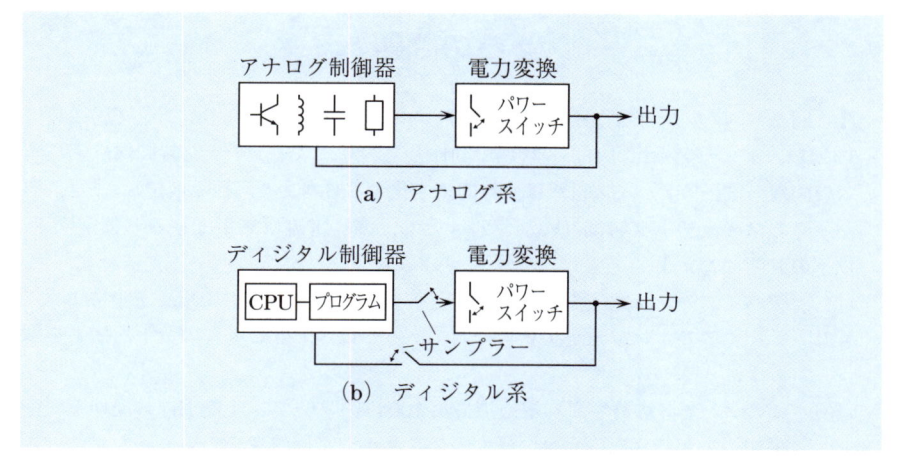

図 2.12 アナログとディジタルの制御系

プラント（制御対象），および制御部がある．このうち，電力変換部はスイッチング動作を含むので本質的に離散時間のモデル化が可能である．

プラントは，一般に連続時間系である．そこで，図 2.12 に示すように制御部がアナログかディジタルかで制御対象のモデルを慎重に選ぶ必要がある．半導体技術の発達により，スイッチングデバイスの高耐圧化，高電流化，高速スイッチングが進む一方で，DSP (Digital Signal Processor) や FPGA (Field Programmable Gate Array) などに代表されるディジタル制御機器の発達も目ざましい．

これに対応して，中小電力レベルのパワーエレクトロニクス機器では，回路トポロジーを容易に変えることができるものについては，それに適した回路制御が発達してきた（例えば，共振スイッチなど）．一方で，回路トポロジーを変化させないで，プラントのモデルを取り入れてディジタル制御器で複雑な制御を実行しているものも多い．このパワーレベルでは，いずれ制御部と電力変換回路が同一のシリコンチップ上で実現されると思われる．

さらに，ハイパワーの機器では，制御部のコストは無視できるほどになり，最新のディジタル制御が適用されていると思われる．ただし，大電力という制約のために，主回路のスイッチングデバイスのスイッチング周波数は低く抑えざるをえないので，その結果，回路制御と制御周期が関連するという問題点も多い．

2章の問題

1 図 2.13 のチョッパ回路は，$E = 480\,(\text{V})$，$R = 10\,(\Omega)$，スイッチング周波数は 10 kHz，デューティ比は 0.5 の状態で動作しており，スイッチング時間内はデバイスの両端の電圧，デバイス電流は直線的に変化する（本文と同様な仮定）．また，デバイスのスイッチング時間 T_SW は $2\,\mu\text{s}$ とし，漏れ電流は無視できると仮定する．以下の設問に答えよ．
 (1) デバイスのオン電圧を無視できると仮定する場合の全平均損失を求めよ．
 (2) デバイスのオン電圧が 1 V で一定であると仮定できる場合の全平均損失を求めよ．
 (3) このデバイスの許容平均電力損失が $100\,(\text{W})$ のとき，上記 (b) の条件下で全平均損失がこれをこえない最大のスイッチング周波数を求めよ．ただし，スイッチング時間は $2\,\mu\text{s}$ で不変と仮定する．

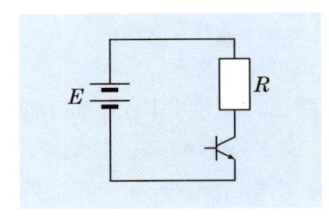

図 2.13 チョッパ回路

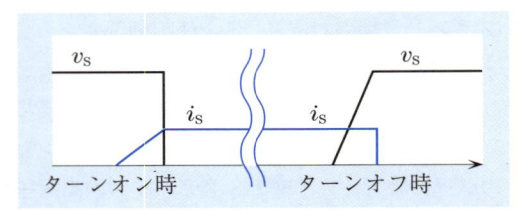

図 2.14 ターンオンおよびターンオフ時のスイッチングデバイスの電圧 (v_S) と電流 (i_S) の波

2 図 2.14 のようにスイッチングデバイスの両端の電圧が変化すると仮定する．すなわち，ターンオン時には電流が一定値になってから電圧がステップ状に減少し，また，ターンオフ時には電圧が完全に一定値になってから電流がステップ状にオフする．このときの平均スイッチング損失を求めよ．ただし，スイッチング時間を T_SW とする．これ以外の記号は本文を参照せよ．

3 式 (2.10) を計算して確かめよ．

4 式 (2.17) において，$T_\text{SW} = \tau$ のときのキャパシタの両端の電圧波形を描け．

5 ホームページを探索して，SiC を用いた半導体デバイスを探してみよ．

3 スイッチング損失を減らす手法

　本章では，スイッチング損失を減らす手法について 2 つの観点から述べる．

　1 つ目は，スイッチする回数を減らすことにより損失の総計を減らす手法で，2 つ目は，1 回ごとのスイッチング損失を減らすことにより全体としての損失を減らす方法である．主としてインバータを中心に述べたが，後者については，その発想のもとになった小電力の共振型 DC–DC コンバータについても概説した．

> **3 章で学ぶ概念・キーワード**
> - PWM，PAM
> - 共振スイッチ
> - 共振インバータ，DC リンク並列共振インバータ，補助共振転流ポール型インバータ，共振スナバインバータ
> - DC–DC コンバータ，ZVT

第 3 章 スイッチング損失を減らす手法

この章では，スイッチング損失を減らす手法として 2 つの観点から検討する．最初の観点はスイッチングの回数を減らす方式である．代表例は PAM という方法で，もう 1 つは共振スイッチという新しいスイッチ方式を用いて，スイッチング損失を減らすという手法である．

3.1 PAM

PAM はインバータのスイッチング損失を減らす手法として非常に有効である．その特徴はスイッチングの回数を減らすことにある．PAM という名前は Pulse Amplitude Modulation（パルス振幅変調）の略称である．PWM (Pulse Width Modulation, パルス幅変調) に対して PAM ではパルスの高さを変えてインバータの出力を制御するというものである．

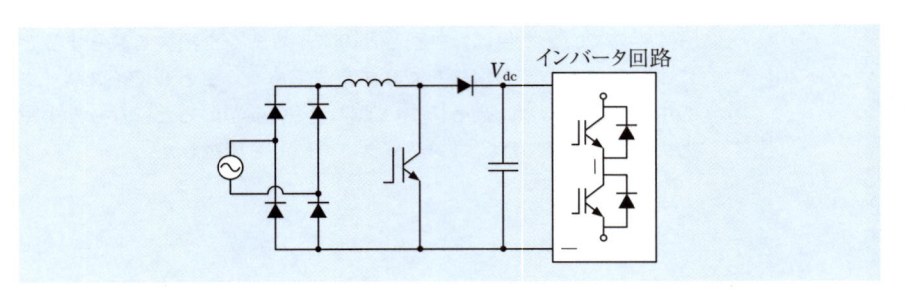

図 3.1 PAM インバータの直流電圧制御の一例

図 3.1 に，インバータの前段に直流電圧変換器を設置する例を示した．インバータの入力直流電圧を変えるので，インバータそのものはスイッチング周波数の少ない動作をし，そこでは周波数と位相だけを決めて，出力の電圧の大きさは直流側で変える，というものである．普通は直流側のほうも高力率コンバータ（6 章で少し説明する）を使って入力側の力率も非常によいものにして，なおかつインバータ側での損失も抑える方針で設計する．

応用例は，エアコンなどの家電製品である．したがって家庭用のエアコンは多少制御性が悪くてもよいが，いかに省エネで運転するかを優先する考え方になっている．図 3.2 にどうやって PAM 制御と PWM 制御を使い分けるか，という例の説明図を示した．横軸が回転数（周波数）で，比較的周波数が低いと

3.1 PAM

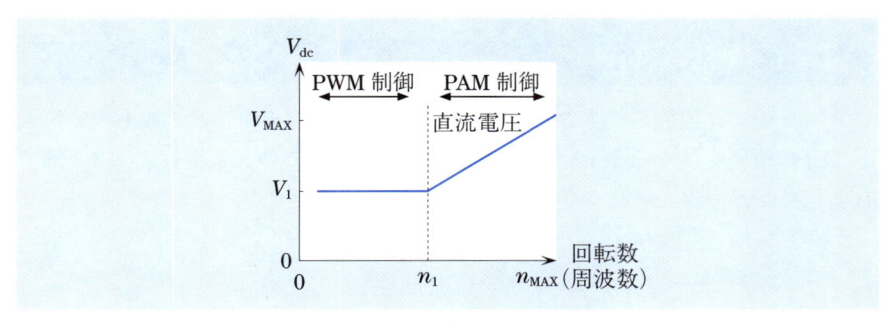

図 3.2 PAM と PWM の組合せ時の直流電圧変化の一例

ころでは PWM 制御にするのだが，周波数が高くなってくると，むしろスイッチング周波数は一定にしておいて，直流側の電圧を上げていって電圧を制御している．

3.2　共振スイッチ

スイッチング損失を減少させる方式として，スイッチの特性そのものを工夫してその損失を減らそうということも考えられる．この3.2節および3.3節では共振インバータなどについて述べる．

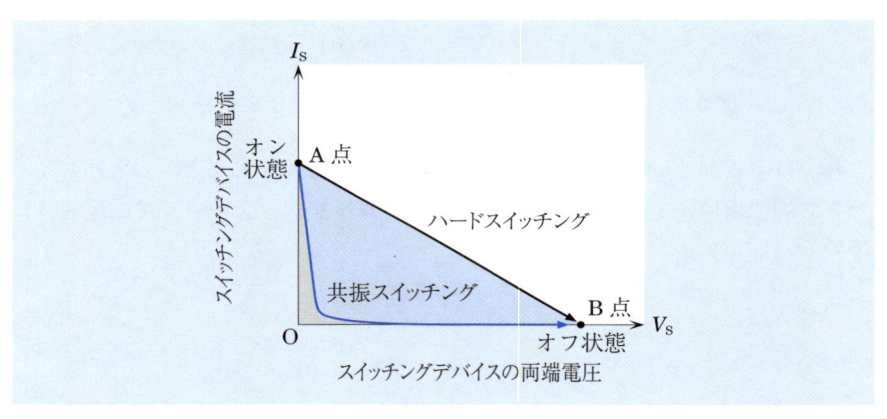

図 3.3　スイッチングの特性（オン状態からオフ状態へ遷移）の説明図

図3.3にインバータに使うスイッチング素子の両端の電圧（V_S）と電流（I_S）の関係図を示した（図2.4参照）．横軸が電圧で縦軸が電流である．図3.3のようにオンしている状態が左上（A点）で，オフの状態が右下（B点）である．オン状態がオフ状態に直線的に変化する場合（つまり，ハードスイッチングでは）その直線の下のAOBで囲まれた面積がロスになる．この図をみて思いつくことは，なるべくこの損失の面積を減らすようにスイッチ動作ができないか，ということである．

それを実現する方法は，大きく分けて2つあると考えられる．

1つは電圧を0にしている状態で電流をスイッチする方法である．図3.3のA点から電圧が0のところに動作点を持ってきて，それから電流をオン/オフするという方法（図3.3では共振スイッチングと記入）で，いわゆる零電圧スイッチ（ZVS）といわれている．図3.4にその時間波形を示した．

もう1つは電流を先に0にして，それから電圧をスイッチするというもので，

零電流スイッチ（ZCS）といわれる．

この 2 つが代表的な共振スイッチの方法で，これらをうまく取り込んでインバータのスイッチング損失を減らそうというものである．

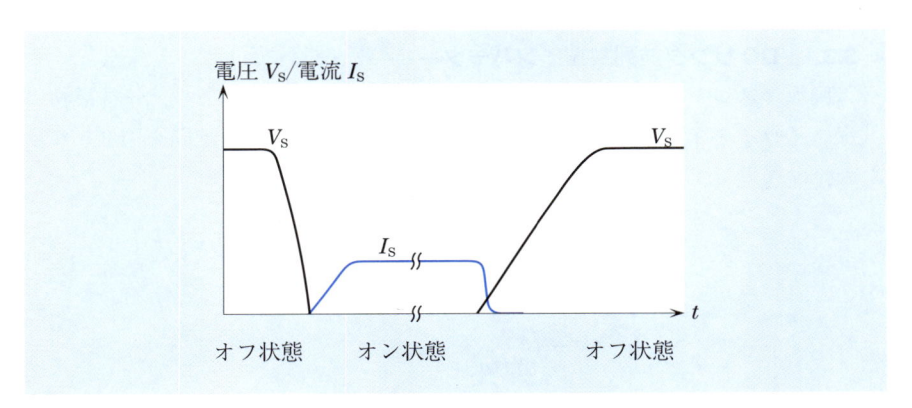

図 3.4 共振スイッチの説明図（時間波形，図 3.3 参照）

共振スイッチのオリジナルな発想は 3.4 節で述べる DC–DC スイッチングレギュレータに関して，80 年代の前半から主にアメリカのバージニア工科大学の F. Lee らのグループが提案してきたものである．同様な技術がインバータでも使えないかという発想のもとに，80 年代後半から 90 年代にかけて何人かの研究者が共振インバータを提案しているので，そのうちの代表例を 3 つほど説明する．

3.3 共振インバータ

3種類の代表的な共振インバータについて概説する．

3.3.1 DCリンク並列共振インバータ

米国ウィスコンシ大学のDivanが1986年に提案したもので[1]，一番最初に共振スイッチをインバータへ適用した例と思われる．その原理図を図3.5に示した．

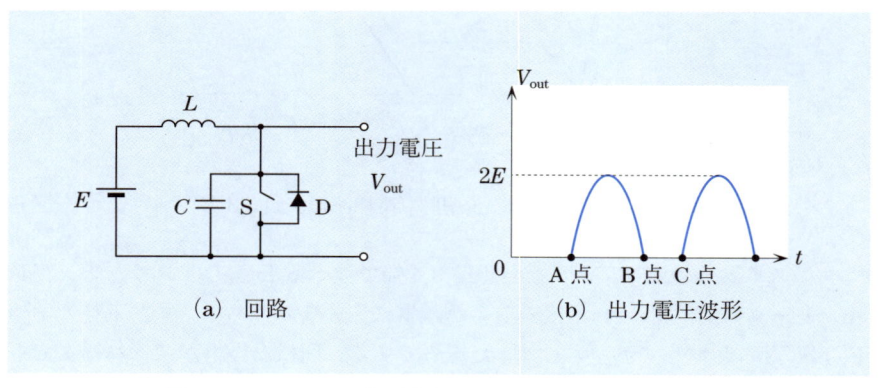

図3.5　DCリンク並列共振インバータの原理説明図

スイッチの両端にキャパシタが付いていて，さらに直流電圧源とスイッチの間にもインダクタが挿入されている．この動作モードは，以下のようになる．
　まずスイッチを入れて，インダクタに電流が流れている状態でスイッチSを切る（図3.5(b)のA点）．スイッチSを切ると，スイッチの両端にコンデンサCが入っているので，LC共振が起き，スイッチを切ってもスイッチの両端の電圧はすぐに上がらない．つまり，零電圧で電流を切るので，いわゆるZVS（零電圧スイッチ）が実現できる（図3.3の青の曲線AB，または図3.4参照）．この回路の出力電圧は，図3.5に示したように，LC共振回路のため，正弦波状の電圧波形になる．共振が終わると負になりそうだが，スイッチの両端のダイ

---

1) その後，Divan先生は大学を辞めてしまってこのインバータを主力製品とするベンチャー会社を作った．アメリカでは，大学の研究者が職を辞めて会社を作るのはごく普通である．

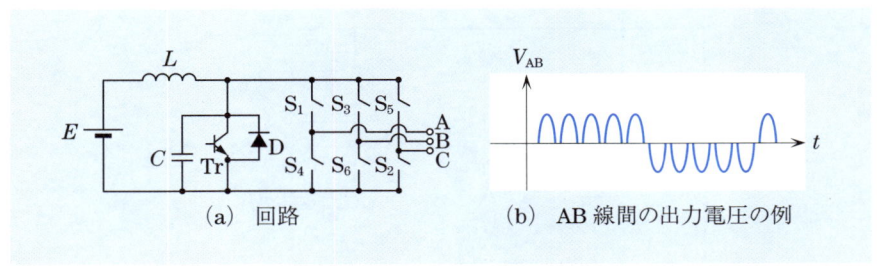

図 3.6 DC リンク並列共振インバータ回路（共振スイッチが外付の例[19]）

オードのため，0 になる．図 3.5(b) の B 点以降は，出力電圧は 0 なので，図 3.6(a) のように共振用のスイッチの先に普通のインバータブリッジを設置し，そのスイッチを切り替える．そうすると，インバータブリッジは直流電圧が 0 のときにスイッチするので，ここでも零電圧でのスイッチが実現できる．一種の一括零電圧スイッチのような動作をする．以上が一番最初にインバータ用に提案された共振インバータの基本動作モードである．

この回路の特徴は，スイッチング損失が理論上は 0 になる，ということであるが，欠点も多数ある．第 1 に，電圧が共振するので，最大直流電圧が，電圧源 E の 2 倍の電圧になる，ということ．第 2 に電圧が LC 共振した後，キャパシタ電圧が 0（図 3.5(b) の B 点）にならないと ZVS が続かない．したがって，電圧を再び 0 に戻すための工夫が必要となる．特に L の電流をいくらぐらいに設計するかというところに制約がある．第 3 に，インバータの出力電圧が直流側の電圧としてそのまま出力されるので，リップルが大きいという欠点がある．これは図 3.6(b) のように半波正弦波の列が出力されるためである．長所もあるが欠点もあるという回路である．

こういう欠点を改良するためにいろいろな提案が行われた．例えば，電圧クランプ型回路といい，直流の共振電圧が 2 倍に跳ね上がるのを抑えるような提案回路が公表されている．

3.3.2　補助共振転流ポール型インバータ（ARCP Inverter）

このインバータはアーヘン工科大学の DeDoncker が 1990 年に提案した．図 3.7 にインバータの 1 相分だけの回路図を示した．直流側の中性点を作るためにキャパシタを 2 個つないで，その中性点と例えば A 相と出力端との間に共振用

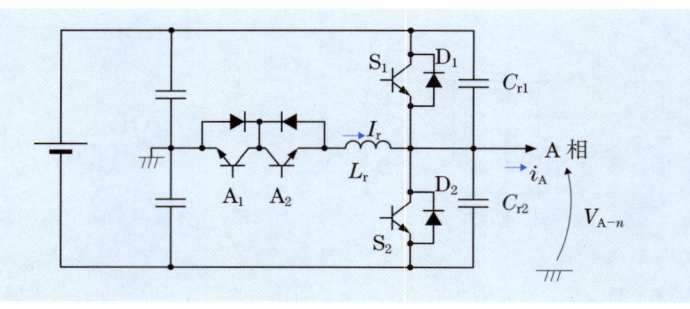

図 3.7 補助共振転流ポール型インバータ（ARCP Inverter）の 1 相分の回路図[18]

の補助転流回路が付いている．その回路の中央にあるのは補助スイッチで，インダクタ L_r を介して A_1 や A_2 がオン/オフすることにより，主スイッチ S_1 および S_2 に共振スイッチを行わせようとするものである．主スイッチをターンオフする場合は，スイッチの両端にキャパシタがあるので，一種の零電圧スイッチ（ZVS）ができる．問題は切ったスイッチをターンオンするときにキャパシタに電荷が残っていると，キャパシタの両端がショートしてしまうので，スイッチングデバイスが壊れる点である．この回路の一番重要な点は，主スイッチをオンさせる方法である．そのために C_{r1} や C_{r2} の電荷を 0 にしてスイッチングデバイスをターンオンする方法について調べてみる．

┌─ S_1 をオフの状態から ZVS する手順の一例 ─

(1) A 相電流（i_A）が正で S_1 がオフ，S_2 と D_2 がオンの状態を出発点と考える．これを書き出すと，図 3.8(a) のようになる．

(2) A_2 をオンすると，I_r が流れ始める（同図 (b)）．

(3) S_2 をオフする（ただし $I_r > I_A$ のとき）．
I_r が十分大きいと，I_r–I_A の電流は C_{r1} を充電し，C_{r1} の電圧が 0 になる時刻を c' とする．C_{r1} の電圧は 0 で，かつ I_r–I_A は電源側へ還流する（同図 (c)）．

(4) C_{r1} の電圧が 0 になっているので，S_1 をいつターンオンしても ZVS が実現できる（同図 (d)）．

以上をまとめると A 相の出力電圧 $V_{A\text{-}n}$ は，図 3.8(e) のようになる．いわ

(a) 初期状態
(b) A_2 をオンすると
(c) S_2 をオフ($I_r > I_A$ のとき)
(d) S_1 をターンオン ($V_{C_{r1}} = 0$ のとき)
(e) V_{A-n} の波形

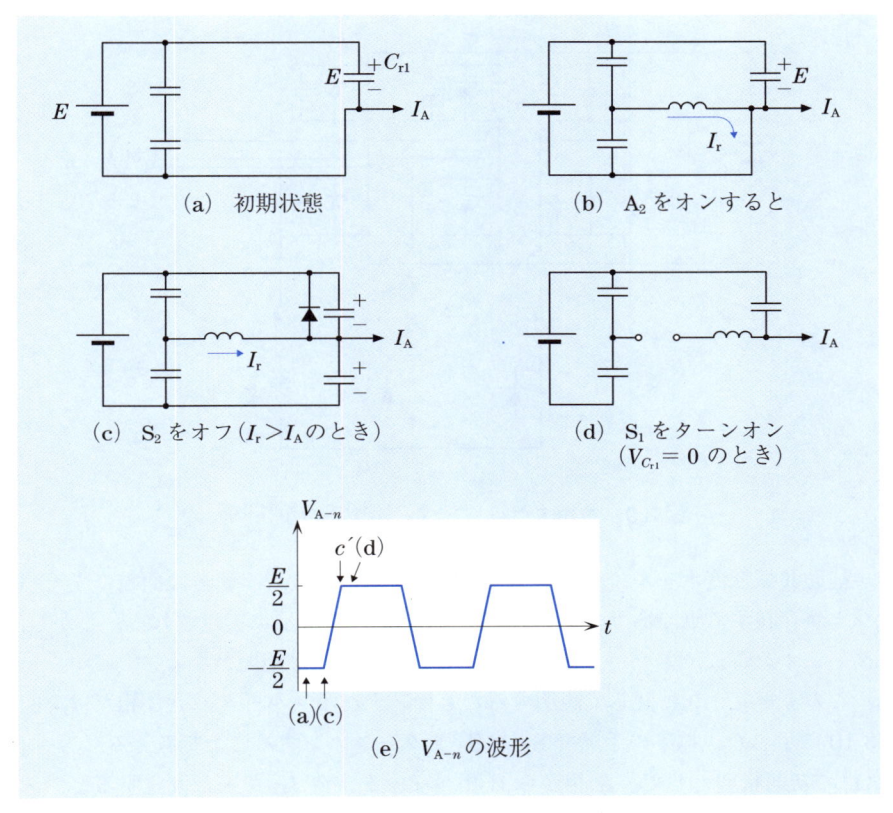

図 3.8 補助共振ポール型インバータの S_1 のターンオンの手順

ゆる PWM 波形を出力すると，立ち上がりも立ち下がりも傾斜を持って変化する．その傾きは，C_r や I_r などで決まる．

この方式の動作はわかりやすく，マクマレーインバータの動作とどことなく似ている．補助回路を付けると回路の部品点数が多くなるという欠点がある．

3.3.3 共振スナバインバータ

バージニア工科大学の Lai が 1996 年に発表した回路である．3.3.2 の補助共振転流ポール型回路には，余分な回路要素が必要なので，なるべくそれを減らす目的で考えられたものである．これを図 3.9 に示した．

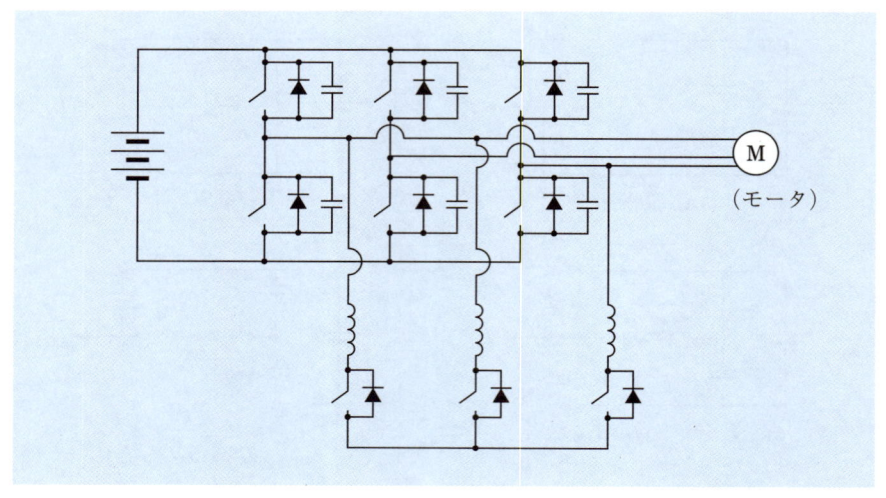

図 3.9 共振スナバインバータの回路図[24],[25]

　補助共振転流ポールインバータと似ている点は，主スイッチの両端にキャパシタが存在する点であり，ターンオフ時に ZVS が容易に実現される．しかし，ターンオン時に，キャパシタの電圧を 0 にする手法が問題となる．

　このターンオンに関して説明するためにスナバインバータの AB 相だけを図 3.10 に示した．以下の手順で S_1 と S_4 をターンオンすることを考える．

(1) 初期状態として，A 相から B 相へモータ電流 I_L が正と仮定すると，スイッチング現象を考察する時間内においてはほぼ一定とみなせる．図 3.10 に示した記号を用いる．S_1 と S_4 がオフ，D_3, D_2 がオンとして負荷電流 I_L が電源側へ還流していると仮定する．C_1 および C_4 の電圧は E であるので S_1 と S_4 をこの状態ではターンオンできない（同図 (a)）．

(2) 補助スイッチ S_{r2} をオンする．負荷の両端がショートするので i_{r2} が流れる（同図 (b)）．

(3) i_{r2} が I_L と等しいか I_L よりも大きくなると，D_2, D_3 はオフして D_1, D_4 がオンする（同図 (c)）．

(4) C_1 と C_4 の電圧はすでに 0 なので，S_1 と S_4 をオンすると，ZVS が実現できる．i_{r2} は減少して 0 になる（同図 (d)）．

3.3 共振インバータ

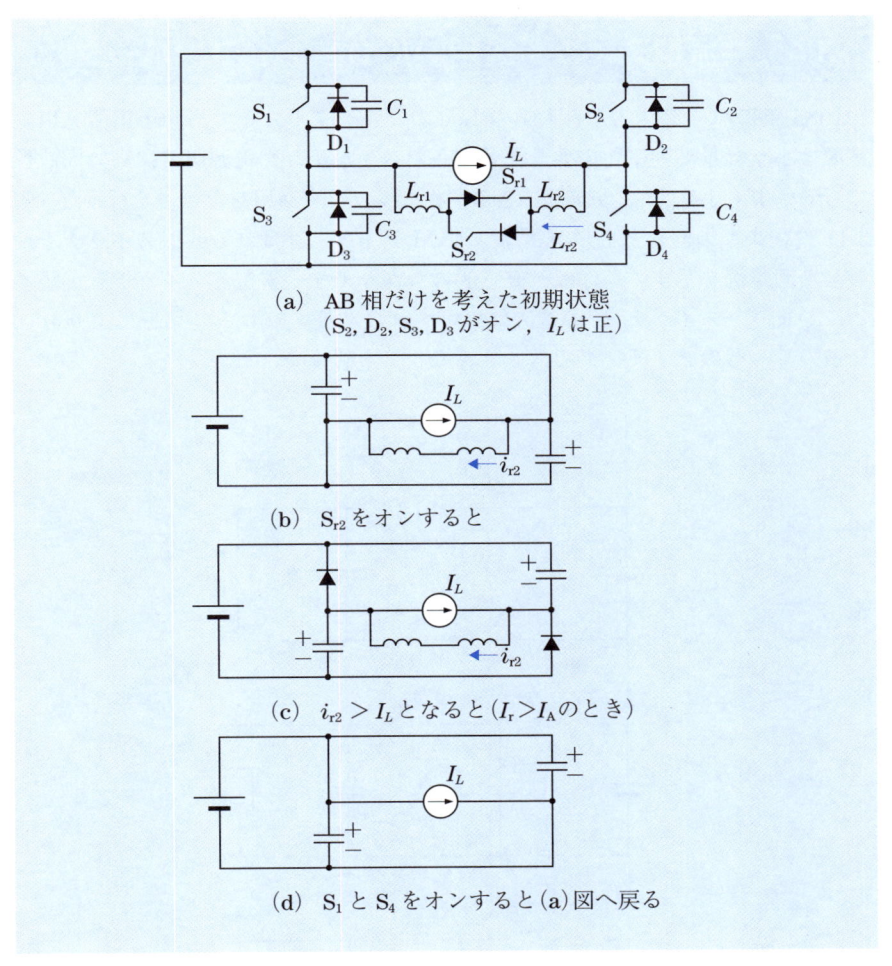

(a) AB 相だけを考えた初期状態
(S_2, D_2, S_3, D_3 がオン，I_L は正)

(b) S_{r2} をオンすると

(c) $i_{r2} > I_L$ となると ($I_r > I_A$ のとき)

(d) S_1 と S_4 をオンすると (a) 図へ戻る

図 3.10 共振スナバインバータの動作説明図

この方式は，回路要素の数が少ないが，回路の動作はその分複雑になる．

その後，多種多様な共振型インバータが提案されたが，汎用品としてはハードスイッチのフルブリッジインバータが広く流通している．

3.4 共振型スイッチを用いたDC–DCコンバータ

1985年にバージニア工科大学のLeeのグループが，その当時宇宙開発用の電源と小型軽量高効率化の要求が強かったスイッチング電源用に，高い周波数でも効率よくオン/オフが実現できる共振スイッチを適用した報告を行った．図3.11に従来型の回路とLタイプおよびMタイプと呼ばれる共振スイッチを設置した回路例を示す．動作は，直感的にわかりやすい零電流スイッチを実現する．つまり，スイッチ S_1 の電流は，いずれのタイプでも LC 共振により0になるので，そのタイミングでスイッチのオフを行う．

(a) ハードスイッチング型

(b) Lタイプ零電流スイッチ

(c) Mタイプ零電流スイッチ

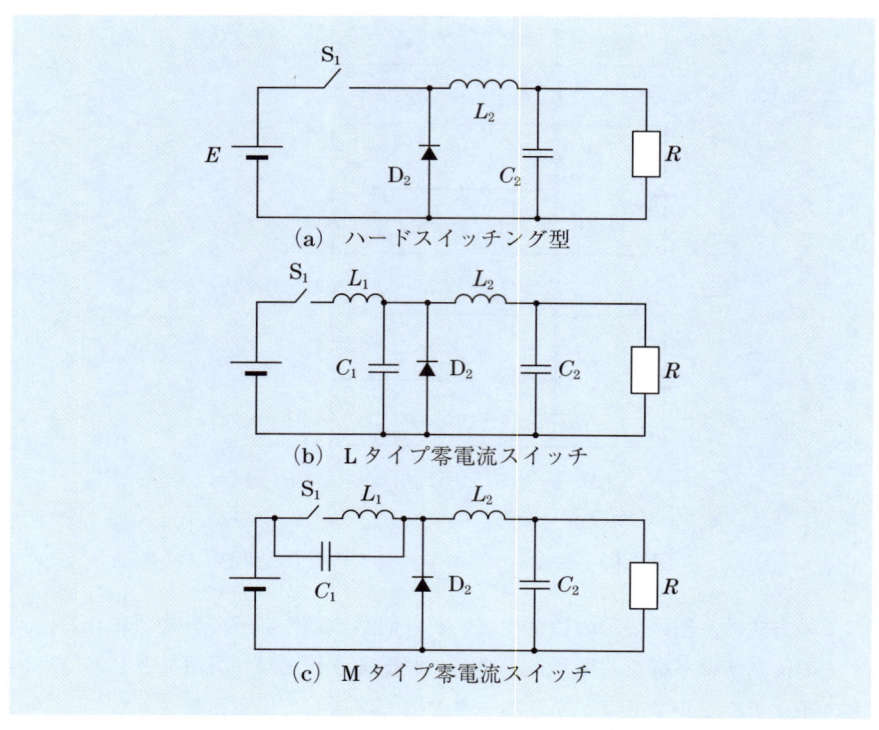

図3.11 降圧コンバータの回路比較[20],[21]

3.4 共振型スイッチを用いた DC–DC コンバータ

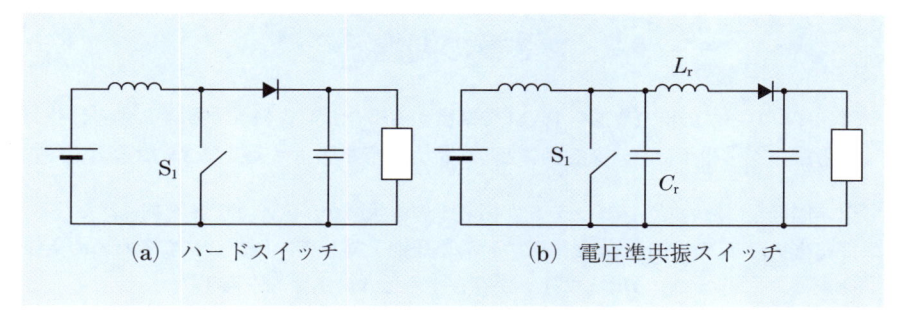

図 3.12 昇圧コンバータ回路の比較[21]

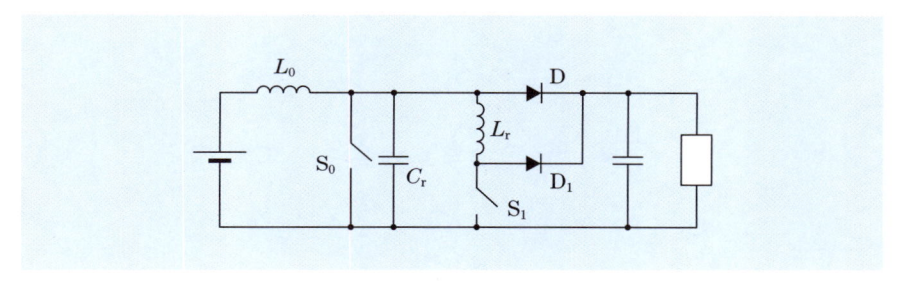

(a) ハードスイッチ
(b) 電圧準共振スイッチ

図 3.13 ZVT ブーストコンバータ回路[22],[23]

1986 年には，零電圧スイッチの提案がなされた．一例として，ブーストタイプの回路例を図 3.12 に示した．スイッチの両端にキャパシタ C が設置されているのが特徴である．

これらの共振スイッチでは，負荷の状態により共振電流が影響されるという欠点があった．そこで Lee のグループは，補助スイッチを追加して，部分共振を行うスイッチを 1990 年代に提案した[22],[23]．一例として，零電圧遷移スイッチ（ZVT, Zero-Voltage-Transition Switch）の回路例を図 3.13 に示した．負荷電流の影響を受けないかわりに部品数が増加する．この分野の詳しい解説に関しては，参考文献 [22], [23] に譲ることにするが，パワーが大きい電気自動車用の DC–DC チョッパ回路の共振スイッチ，あるいは IH（Induction Heating）などの全共振回路に関してはいろいろな研究発表がなされている．

3章の問題

□**1** インバータの出力波形を PAM で制御する場合と PWM で制御する場合について考察し，単相インバータを例にとり，出力波形を図示せよ（図 3.2 で考えよ）．

□**2** 図 3.5 において，スイッチ S が閉じている状態からスイッチ S を開く．ただし，開く直前の L の電流を i_0 とする．C の電圧が上昇して，再び 0 になるための条件を求めよ．また，L の抵抗成分 r が存在するときの条件も求めよ．

□**3** 図 3.13 の動作について考察せよ．

▣ 夢

現在は存在しないが，10 年後にパワーエレクトロニクスおよびその関連分野において，出現しているかも知れないものを，若手研究者と著者が知恵を出して，2004 年 9 月の電気学会産業応用部門大会にて公表した．要素技術としては，新デバイスの出現により電力変換器が小型軽量高効率化すること，永久磁石の性能がさらに向上してエネルギー密度が向上すること，コンピュータや通信器などのディジタルの性能がさらに向上すること，シート型電子機器の出現，電力のワイヤレス伝送の加速などを予想している．さらに，これらの応用としては，効率 99.6%の電力変換器，ワイヤレスのアクチュエータ，電気飛行機，脚式のバス，人間型ロボットの普及，サブナノモーションコントロールなどの楽しい予測をしている．キーワードしては，環境問題，小型軽量化，高効率，知能やエネルギーの分散，情報やパワーのワイヤレス化，計算機能力の向上があげられる．これらがどこまで実現できるかどうか，10 年後が楽しみである．

4 PWMインバータによる出力電圧のディジタル制御

　4章と5章では，PWMインバータのパルス幅を制御することにより，その先のプラント（*LC* フィルタやモータ巻線など）の電圧および電流を制御するディジタル制御について述べる．

　本章では，PWMインバータブリッジの電圧をディジタル的に制御することにより，その先のプラントを制御する場合の一般的な離散時間モデルの導出を行う．その導出結果は便利なので，公式として紹介する．

　次に，その応用として，無停電電源の出力電圧を制御する場合について，3通りの異なるアプローチを概説する．1つ目は，デッドビート制御で，短い時間で出力電圧の制御が可能となるものである．2つ目は，繰り返し制御による補償で，周期的な外乱を補償するものである．3つ目は，外乱オブザーバにより，非周期的な外乱を打ち消すものである．いずれの手法もロバスト制御としてとらえることもできる．

4章で学ぶ概念・キーワード
- PWM，無停電電源
- 離散時間モデル，デッドビート制御，繰り返し制御，外乱オブザーバ

第 4 章 PWM インバータによる出力電圧のディジタル制御

4.1 UPS 用インバータ

電力会社から供給される電気エネルギーによって，様々な電気機器が動作する．一例として銀行のコンピュータや病院の手術中の電子機器などは，停電が起きると多大な影響や人命に関わるので，このような機器に対しては停電が起きたときでも連続して電気エネルギーを供給できるような装置が備えてある．この装置を無停電電源といい，英語では UPS（Uninterruptible Power Supply）と呼ばれている．そのインバータの出力電圧制御について，この節で解説していく．

最初に，従来方式での制御方法について述べる．例として，図 4.1 の単相インバータを想定する．図 4.2 の PWM により出力電圧 V_0 が正弦波となるように動作させる一般的な方法は，（三角波比較）正弦波 PWM といわれており，三角波キャリアと基準波を比べて PWM 波形を作るものである．もう少し凝った制御では，特定高調波の除去をするような PWM のパターンをあらかじめ作っておいて，それで特定の 5 次や 7 次の高調波を抑えるような方式もある．図 4.3 にこれらの例を示した．

いずれの方式も，よく使われる方法ではあるが，欠点がある．

1 つ目の欠点は，いずれも定常状態を考えているので，負荷が急変した場合に，過渡的な対応ができないという点である．具体的には電圧波形が過渡的に歪むことになる．

もう 1 つの欠点は，以上の方法はインバータのブリッジ回路に LC フィルタをつけてその出力を出力電圧とするので，ブリッジ出力の PWM 波形（V_{inv}）と LC フィルタの後の波形（V_0）に位相のズレを生じる．その結果，出力したい波形と実波形に位相差を生じることになる．

以上の 2 つの欠点などから，負荷が線形（例えば，抵抗や LR 負荷）ならばこれでもよい．しかし最近のパワーエレクトロニクスの普及にともなって増えてきている，整流器などの非線形負荷では，波形ひずみが大きくなる．そこで，定常状態ではなくて過渡的な特性を考慮した方式について，次節で述べる．

4.1 UPS用インバータ

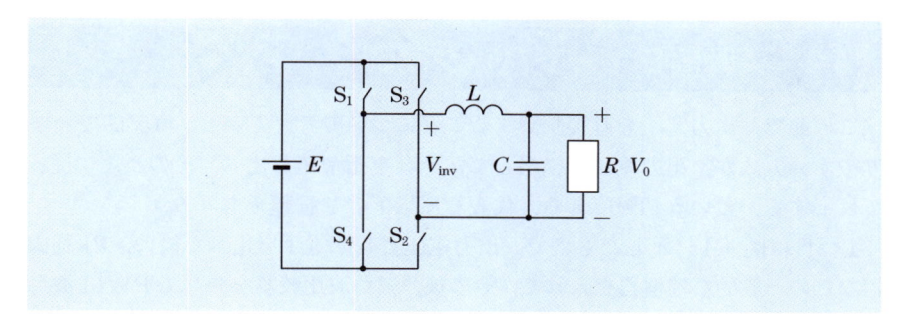

図 4.1　単相インバータ

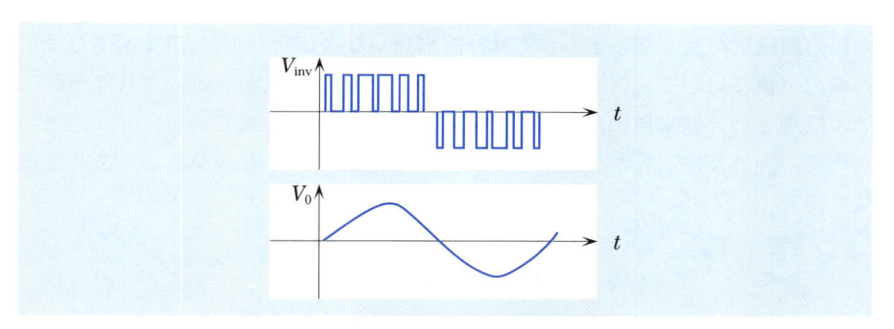

図 4.2　V_{inv} と V_0 の波形の一例

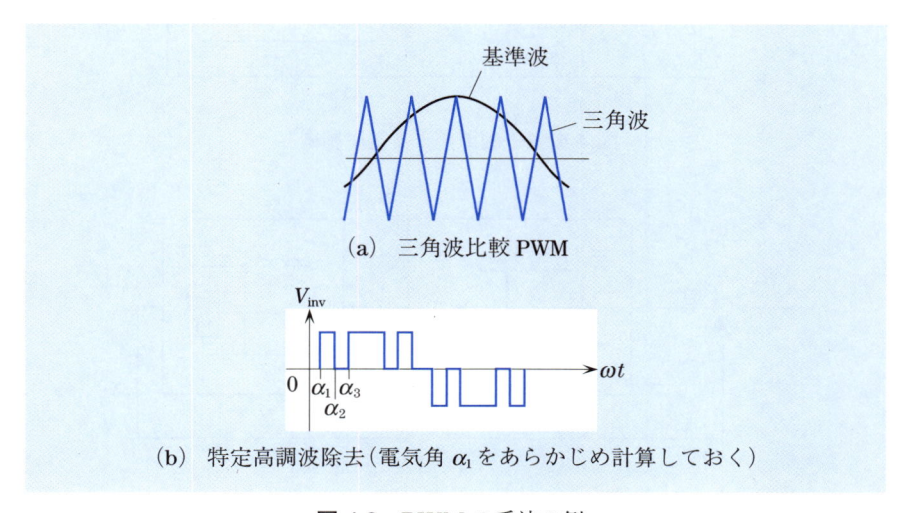

(a)　三角波比較 PWM

(b)　特定高調波除去（電気角 α_1 をあらかじめ計算しておく）

図 4.3　PWM の手法の例

4.2 実時間フィードバック制御

この節では出力電圧を直接制御することについて考えていく．直感的でわかりやすい方式が，出力電圧を検出して，それを指令値と比べ，その誤差に従って反応する，という制御である．代表して以下の2種類をあげる．

1つ目は図 4.4 に示したもので，出力電圧と基準電圧を比べた後に，PI 制御器などの一般的な補償器を入れて，その後，三角波比較器を介してPWM 波形を生成し，インバータの電圧を制御するという方法である．この場合は PI 制御器の次数がインバータとフィルタを含めたプラントの次数よりも低いので，V_0 の出力周波数が高くなると，つまり非線形負荷などに対しては，PI 制御では正弦波指令値に対して定常誤差を 0 にできないという欠点がある．これは内部モデル原理という基本原則があって，この欠点はよく知られている．

次に，図 4.5 に示したようなヒステリシス制御というものがある．これは出

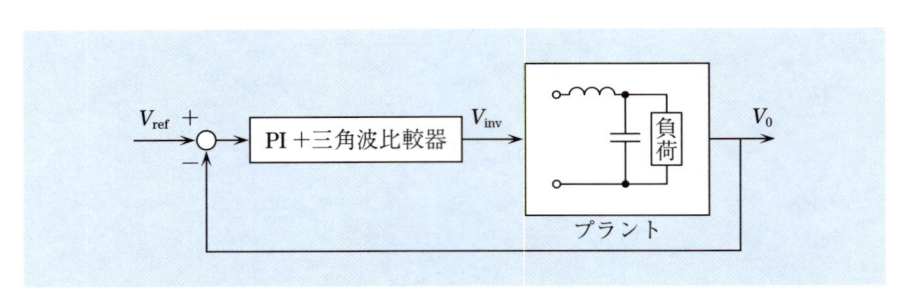

図 4.4 PI 制御による電圧制御

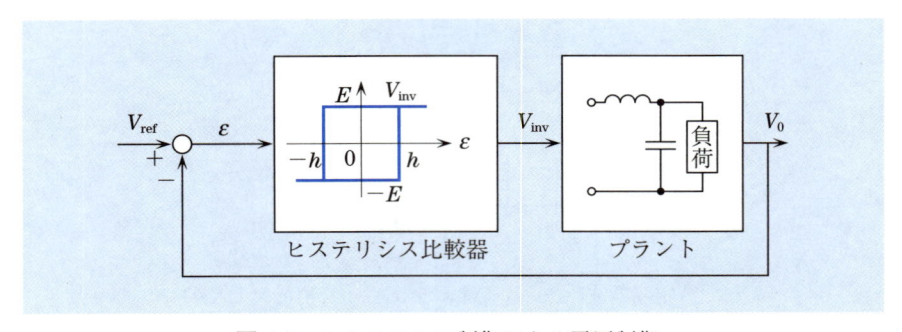

図 4.5 ヒステリシス制御による電圧制御

4.2 実時間フィードバック制御

力電圧と基準電圧の誤差をヒステリシスコンパレータというものに入れ，誤差がある範囲をこえると，インバータの電圧を正の最大電圧か負の最大電圧に変化させるというものである．非常に制御が簡単なので，最も実現しやすい方法である．ヒステリシス制御の欠点は，スイッチング周波数が一定にできないという点である．電圧の出力誤差をみてスイッチングをするかしないか決めるため，一般にはスイッチング周波数は一定にはならない．ヒステリシス幅を1周期の間で可変にして，スイッチング周波数を一定になるようにするという対応などもある．

以上のように，実時間で制御すると，長所はあるが欠点もある．

■ パワーエレクトロニクスのディジタル制御の歩み

コンピュータでプロセスを実時間フィードバックして制御しようという発想は，DDC（Direct Digital Control）と呼ばれて1960年代には実験レベルでプロセス制御に使われ始めた．それがインバータの制御にも手軽に実現できるようになったのは1980年代の半ばである．インテル8086という16ビットのマイクロプロセッサに外付けのかけ算器を組合せ，制御のサンプル時間約 $550\,\mu s$ で，UPS用インバータ出力電圧のデッドビート制御が実現できたのは1985年頃である[27]．K. Gokhaleとともに，試行錯誤したのが懐かしい．現在（2005年）では，FPGAを用いて，数 μs の計算時間で同様なことが実現できる．今後は，通信技術の進展によりもワイヤレスなパワーエレクトロニクス機器が発展し，人知れない場所で電気エネルギーを有効かつ省エネ的に使う技術が浸透していくと著者は考えている．

4.3 インバータで駆動されるプラントの実時間ディジタル制御

UPS 用インバータの出力電圧を通常のアナログの実時間でフィードバックする方法の欠点は，スイッチング時間を一定にできないという点である．そこで，逆にスイッチング時間のほうを固定して，いわゆる離散時間制御を仮定して，そのときに PWM インバータのスイッチングをどうすればよいかということについて考えてみる．

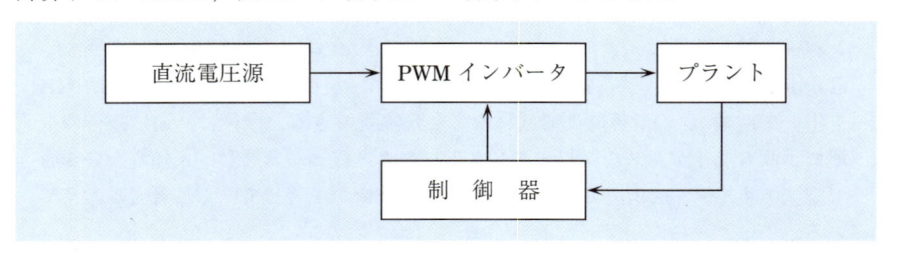

4.3.1 PWM インバータで駆動されるパワーエレクトロニクスシステムの離散時間モデル

インバータで駆動されるパワーエレクトロニクスシステムを図 4.6 と仮定し，この離散時間モデルを導出する．

まず，1 入力システムを仮定し，次式のシステム方程式が成立すると仮定する．

$$\dot{\boldsymbol{x}} = A\boldsymbol{x} + \boldsymbol{b}u \tag{4.1}$$

ただし，$\boldsymbol{x}$ は状態変数で，u は入力．$\dot{\boldsymbol{x}}$ および $\boldsymbol{b}$ は n 次元のベクトル．A は n 次元の正方行列で，u はスカラーである．

入力 u はスカラーなのでインバータで駆動されることを考え，図 4.7 のように 1 サンプル区間で左右対称なパルス出力，幅が $\Delta T(k)$ で大きさは $\pm E$ と仮定する．すなわち，区間 $[kT, t_1]$ で 0，区間 $[t_1, t_2]$ で $\pm E$，区間 $[t_2, (k+1)T]$ で 0 とする．式 (4.1) の解は一般的に次式で求まる．

$$\boldsymbol{x}(t) = e^{At}\boldsymbol{x}_0 + \int_0^t e^{A(t-\tau)}\boldsymbol{b}u(\tau)d\tau \tag{4.2}$$

ただし，$\boldsymbol{x}_0$ は初期値．図 4.7 のサンプル区間を 3 区間に分けて，式 (4.2) を計算する．ただし，図 4.7 の時間 kT の時刻を $t=0$ とした．

図 4.6 インバータで駆動されるパワーエレクトロニクスシステム

4.3 インバータで駆動されるプラントの実時間ディジタル制御

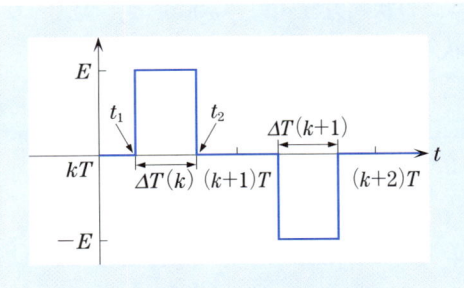

図 4.7 1 パルスのインバータ出力

① $0 \leq t \leq t_1$ のとき，$u = 0$ より，
$$\boldsymbol{x}(t_1) = e^{At_1}\boldsymbol{x}_0 \tag{4.3}$$
ただし，$\boldsymbol{x}_0$ は初期値である．

② $t_1 \leq t \leq t_2$ のとき，$u = \pm E$ より，
$$\boldsymbol{x}(t_2) = e^{At_2}\boldsymbol{x}_0 + A^{-1}(e^{A\Delta T} - I_n)\boldsymbol{b}(\pm E) \tag{4.4}$$
ただし，$\Delta T = t_2 - t_1$，I_n は n 次単位行列．

③ $t_2 \leq t \leq T$ のとき，$u = 0$ より，
$$\boldsymbol{x}(T) = e^{AT}\boldsymbol{x}_0 + e^{A(T-\Delta T)/2}A^{-1}(e^{A\Delta T} - I_n)\boldsymbol{b}(\pm E) \tag{4.5}$$

ここで，仮定として次式を想定する．
$$e^{A\Delta T/2} \approx 1 + \frac{A\Delta T}{2} + \frac{A^2(\Delta T/2)^2}{2!} \tag{4.6}$$

式 (4.6) を用いると，式 (4.5) は次式に変形できる．

$$\boldsymbol{x}(T) = e^{AT}\boldsymbol{x}_0 + e^{AT/2}\boldsymbol{b}(\pm E)\Delta T \tag{4.7}$$

注意1 この式の誤差は $(\Delta T/2)^3/3!$ のオーダーとなり，通常の後退差分などのモデル誤差よりもはるかに小さい． □

注意2 パルスが 1 サンプル区間内で 2 つ以上に分かれていても，パルスパターンが区間内で左右対称であれば，式 (4.7) が成立する． □

注意3 さらに，パルスを区間の前か後に寄せた左右非対称の場合でも式 (4.7) が成立する．ただし，誤差は $(\Delta T/2)^2/2$ のオーダーとなり，左右対称のパルスパターンよりもモデル誤差が大きい． □

式 (4.7) を離散時間の状態方程式に書き直すと，次式となる．これは 1 入力多出力システムの状態方程式である．

$$\bm{x}(k+1) = F\bm{x}(k) + \bm{g}\Delta T(k) \tag{4.8}$$

ただし，

$$F = e^{AT}, \quad \bm{g} = e^{AT/2}\bm{b}E$$

このシステムへの入力は，各区間で左右対称な幅 $\Delta T(k)$ のパルスでその大きさは $\pm E$．パルスが E のときは ΔT は正，パルスが $-E$ のときは ΔT は負と定義する．

次に，式 (4.8) を一般化すると，多入力システムでは次の近似離散時間モデル（状態方程式）が成立するので，以下に公式として示しておく．

インバータ駆動系の離散時間モデル状態方程式の公式

インバータで駆動される多入力システムは，次式で与えられる．

$$\dot{\bm{x}} = A\bm{x} + B\bm{u} \tag{4.9}$$

ただし，$\bm{x}$ は状態変数で，$\bm{u}$ は入力．$\bm{x}$ は n 次元ベクトル．A は n 次元の正方行列，B は $m \times n$ の行列で，$\bm{u}$ は m 次元のベクトルでその要素は $\bm{u} = [u_1, u_2, \cdots, u_m]^T$．要素 u_i は，各区間で左右対称なパルスで，その幅は $\Delta T_i(k)$ で，高さは $\pm E$．パルスが E のときは $\Delta T_i(k)$ は正，パルスが $-E$ のときは $\Delta T_i(k)$ は負と定義する．

式 (4.9) のサンプル値モデル（離散化モデル）は，次式で与えられる．

$$\bm{x}(k+1) = F\bm{x}(k) + G\Delta\bm{T}(k) \tag{4.10}$$

ただし，

$$F = e^{AT}$$

$$G = e^{AT/2}BE$$

$$\Delta\bm{T}(k) = [\Delta T_1(k), \Delta T_2(k), \cdots, \Delta T_m(k)]^T$$

[注意4] この公式の証明は文献 [27] に詳しい．

また，e^{AT} の計算は，式 (8.17)，(8.18) を参考にして計算すれば，簡単にできる． □

4.3.2 出力デットビート制御

式 (4.10) に基づけばいろいろなディジタル制御が可能となるので，一例として単相 UPS 用インバータの出力デットビートについて考察する．

図 4.8 に示す単相インバータ回路において出力電圧とその微分を状態変数に選び，状態方程式を作ると次式になる．

$$\dot{\boldsymbol{x}} = A\boldsymbol{x} + \boldsymbol{b}v_{\mathrm{inv}} \tag{4.11}$$

ただし，

$$\boldsymbol{x} = \begin{bmatrix} v \\ \dot{v} \end{bmatrix}, \quad A = \begin{bmatrix} 0 & 1 \\ -\dfrac{1}{LC} & -\dfrac{1}{CR} \end{bmatrix}, \quad \boldsymbol{b} = \begin{bmatrix} 0 \\ \dfrac{1}{LC} \end{bmatrix}$$

また，v は出力電圧，i はインダクタ L の電流である．

これを図 4.9 に示すような区間内で左右対称なパルスパターンとし，パルス幅 $\varDelta T$ の符号は，パルスが正のときは正でパルスが負のときは負と定義する．

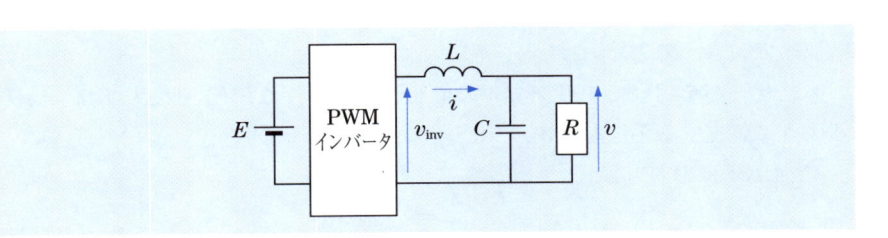

図 4.8　単相インバータシステム

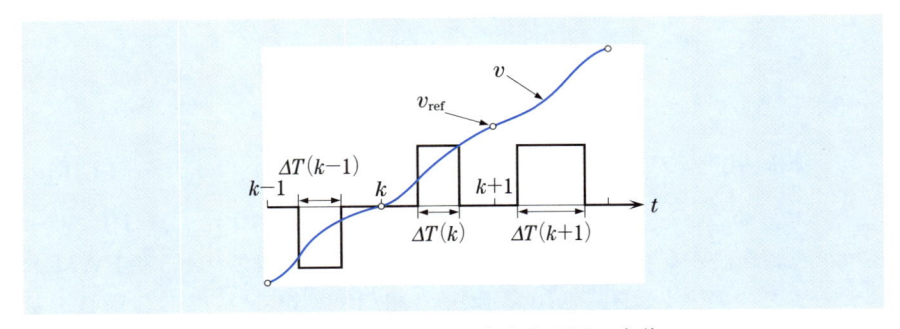

図 4.9　パルスパターンと出力電圧の定義

インバータ駆動系の離散時間モデル状態方程式の公式である式 (4.10) を使うと，式 (4.11) より式 (4.12) を得る．

$$\boldsymbol{x}(k+1) = F\boldsymbol{x}(k) + \boldsymbol{g}\Delta T(k) \tag{4.12}$$

ただし，

$$F = e^{AT}, \quad \boldsymbol{g} = e^{AT/2}\boldsymbol{b}E$$

状態変数フィードバック型の出力デッドビートでは，まず式 (4.12) の第 1 項を取り出す[26],[33]．

$$v(k+1) = F_{11}v(k) + F_{12}\dot{v}(k) + g_1\Delta T(k) \tag{4.13}$$

ただし F_{11}, F_{12}, g_1 はそれぞれ F および $\boldsymbol{g}$ の対応する要素とする．
この $v(k+1)$ を指令値 $v_{\text{ref}}(k+1)$ で置き換え，$\Delta T(k)$ について解くと

$$\Delta T(k) = -\frac{F_{11}}{g_1}v(k) - \frac{F_{12}}{g_1}\dot{v}(k) + \frac{1}{g_1}v_{\text{ref}}(k+1) \tag{4.14}$$

この制御側を実行するには有限の計算時間が必要となり，$\Delta T(k)$ をサンプル時間まで大きくできない．

オブザーバを用いて 1 サンプルの値を予測して，$\Delta T(k)$ を最大 T まで取れるように工夫する手法を示す．

式 (4.12) に出力方程式

$$y(t) = \boldsymbol{c}\boldsymbol{x}(k) \tag{4.15}$$

ただし，

$$\boldsymbol{c} = [1,\ 0]^T$$

を追加して，フルオーダーオブザーバを次式で構成する．

$$\hat{\boldsymbol{x}}(k+1) = F\hat{\boldsymbol{x}}(k) + \boldsymbol{g}\Delta T(k) + L\{y(k) - \boldsymbol{c}\hat{\boldsymbol{x}}(k)\} \tag{4.16}$$

ただし，^のついた記号は，推定された変数を意味し，$L = \lfloor l_1, l_2 \rfloor$ はオブザーバの極配置を決めるゲインとなる．この方式に基づき制御された 3 相 PWM インバータでの実験波形を図 4.10 に示す．3 相/2 相変換については付録 B を参照のこと．

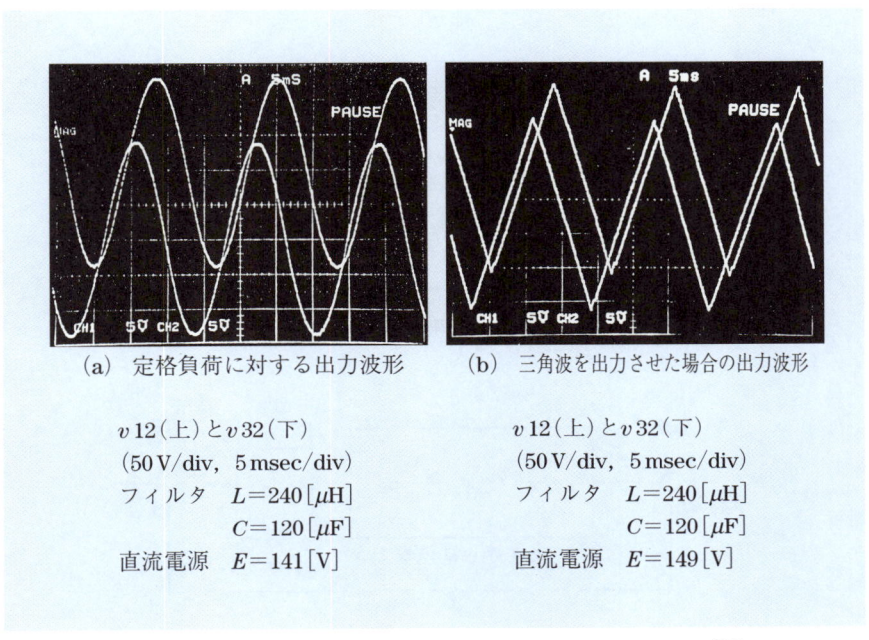

4.3 インバータで駆動されるプラントの実時間ディジタル制御

(a) 定格負荷に対する出力波形

(b) 三角波を出力させた場合の出力波形

$v12$(上)と$v32$(下)
(50 V/div, 5 msec/div)
フィルタ　$L=240\,[\mu H]$
　　　　　$C=120\,[\mu F]$
直流電源　$E=141\,[V]$

$v12$(上)と$v32$(下)
(50 V/div, 5 msec/div)
フィルタ　$L=240\,[\mu H]$
　　　　　$C=120\,[\mu F]$
直流電源　$E=149\,[V]$

図 4.10　3相インバータでのデッドビート制御の実験波形 [32]

4.3.3　繰り返し制御による補償

前節で述べたデッドビート制御の欠点の1つは，1サンプル時間の制御遅れがあるために，負荷が大きく変動すると出力電圧がその影響を受けて大きく変動する点である．具体的にはコンデンサインプット型整流器では，電圧周期のある特定の時刻で大きい負荷電流が流れて電圧が変化するという整流器負荷固有の電圧変動の問題がある．このように必ず周期的に入ってくる一種の負荷変動や外乱に対して有効な手段が何通りかある．そのうちの1つが「繰り返し制御」といわれているもので，これについて簡単に説明する[30]．

繰り返し制御というのは，次の周期でも同じような時間帯（または1周期内の位相で）で負荷変動が起きる，という繰り返し外乱といわれているものに対して有効である．直感的にわかりやすい考え方としては，必ず決まった時間帯に外乱が入るから，あらかじめその決まった時刻になったら，その外乱を打ち消すような逆向きの補償をしようというものである．これを構成図で描いたの

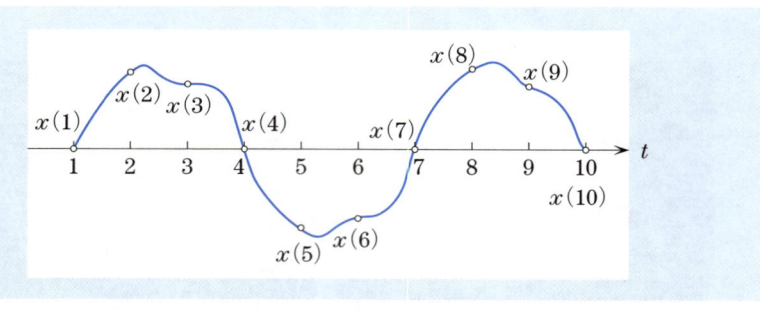

図 4.11 繰り返し制御の記号と周期外乱（$n=6$ の場合）

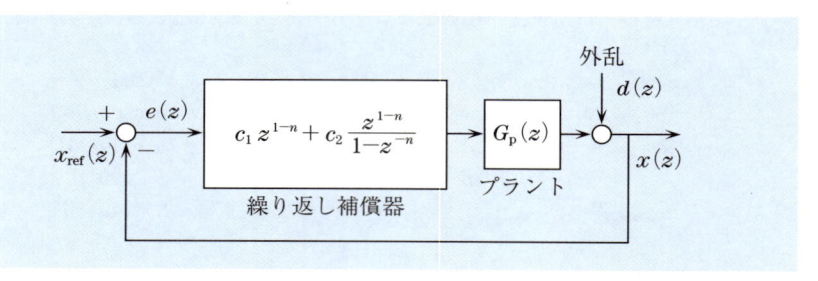

図 4.12 繰り返し制御のブロック図

が図 4.11 で，図中の波形は図 4.8 の出力電圧 v である．この例では，わかりやすくするため基本波 1 周期を 6 等分して，サンプル値制御する例を図示してある．次に，この図に対して繰り返し制御の繰り返し補償器のブロック図を描いたものが図 4.12 である．状態変数を $x(k)$ に選んで図示してある．基本は出力の電圧と基準電圧の誤差を繰り返し制御補償器に入れる構造なので，一般的なフィードバック補償器と似ている．

図 4.12 の繰り返し補償器には 2 つの項がある．第 1 項は図 4.11 の例えば $k=9$ の時刻の外乱の 1 周期前 ($k=3$) の外乱に対する補償項（係数 c_1）であり，第 2 項は基本波の 1 周期前，2 周期前，3 周期前と対応する時刻の 1 周期前までの全ての誤差の和（または積分）に対する補償項（係数 c_2）である．この図の入力指令 $x_{\text{ref}}(z)$ から誤差出力 $e(z)$ までのパルス伝達関数を計算して，次式を得る．

$$\frac{e(z)}{x_{\text{ref}}(z)} = \frac{1-z^{-n}}{1-z^{-n}\{1-(c_1+c_2-c_1z^{-n})zG_{\text{p}}(z)\}} \tag{4.17}$$

4.3 インバータで駆動されるプラントの実時間ディジタル制御　53

なお，外乱 $d(z)$ から誤差出力 $e(z)$ までの伝達関数も同様な式となる．

ここで，式 (4.17) の分子について考察する．

$$(式 (4.17) の分子) = 1 - z^{-n} \tag{4.18}$$

ただし，

$n \equiv f_\mathrm{s}/f_0$　（n：整数）

f_s：サンプリング周波数

f_0：基本波周波数

図 4.11 の場合は $n = 6$ となる．

$z = e^{j\omega T}$, $f_\mathrm{s} = 1/T$（ただし T はサンプリング周期）を式 (4.18) に代入して，整理すると

$$(式 (4.17) の分子) = 1 - \exp\left(-\frac{jn\omega}{f_\mathrm{s}}\right) \tag{4.19}$$

この式に，

$$\omega = \frac{m}{n} 2\pi f_\mathrm{s} \quad (m \text{ は整数で } 1, 2, \cdots, n)$$

を代入すると，

$$(式 (4.17) の分子) = 1 - \exp(-j2\pi m) \tag{4.20}$$

となり，0 となる．つまり $\omega = 2\pi \cdot m f_0$（$\omega$ が基本波周波数 f_0 の整数倍で，例えば，図 4.11 では $m = 1, 2, 4, 5, 6$ まで）のとき，式 (4.17) = 0 となる．これは，基本波周波数の整数倍の指令値および外乱は完全に抑圧できることを意味している．

例　基本波周波数が 50 Hz でサンプル周波数が 6 倍の 300 Hz と仮定すれば，50 Hz，100 Hz，150 Hz，200 Hz，250 Hz，300 Hz までの周期外乱による定常誤差は 0 にできることになる．

実験してみると，図 4.12 の繰り返し補償器の第 2 項の積分が飽和するという実用上の問題に直面するので工夫が必要となるが，周期的な定常外乱に対しては相当な効果がある．　□

4.3.4　外乱オブザーバによる補償

前節では，外乱に周期性がある場合の対策を述べたが，非周期的な外乱に対しては，ステップ状やランプ状の外乱を仮定して補償する制御が考えられる．ここでは，外乱オブザーバを応用する例を概説する[34]．

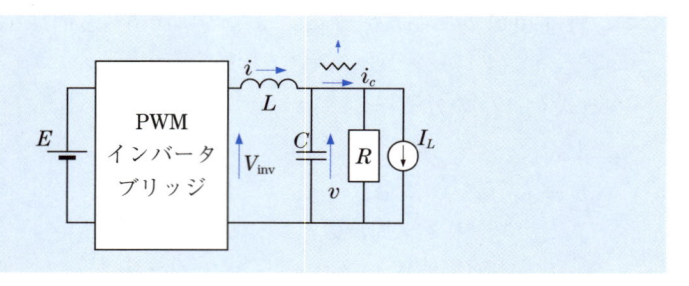

図 4.13 外乱電流源のある場合の PWM インバータ (単相) のモデル

図 4.13 に示したように単相インバータの出力に LC フィルタを設置し，抵抗負荷の両端の電圧を制御することを最終目的とするが，非周期的な外乱が存在すると仮定する．同図のインバータブリッジは，$\pm E$ または 0 電圧を出力できる電圧源と考える．LC フィルタおよび定格抵抗負荷 R のほかに並列に外乱電流源 I_L が存在するというモデルで，以下の解析を行う．

インダクタの電流 i，キャパシタの電圧 v およびランプ状の外乱電流 I_L を状態変数に選ぶと，連続時間系での状態方程式は次式となる（4.3.2 の状態変数の選び方とは違うが，状態変数の選択には自由度があるので，ここでは異なる変数で解析してみる）．

$$\dot{\boldsymbol{x}} = A\boldsymbol{x} + \boldsymbol{b}u \tag{4.21}$$

ただし，

$\boldsymbol{x} \equiv [v,\ i,\ \dot{I}_L,\ I_L]^T$

$u \equiv V_{\text{inv}}$

$$A \equiv \begin{bmatrix} -1/CR & 1/C & 0 & -1/C \\ -1/L & 0 & 0 & 0 \\ 0 & 0 & 0 & 0 \\ 0 & 0 & 1 & 0 \end{bmatrix}$$

$\boldsymbol{b} \equiv [0,\ 1/L,\ 0,\ 0]^T$

$I_L \equiv$（外乱電流）

L, C, R はそれぞれインダクタンス，キャパシタンス，定格抵抗の値．

サンプル値系へ変換するとき，インバータブリッジ電圧 V_{inv} をサンプル時間内で左右対称になるように選び，かつそのパルス幅を ΔT とおくと（高さが $-E$ のとき，ΔT は負と解釈する），次式 (4.22)，(4.23) の離散時間モデルを得る（インバータ駆動系の離散時間モデル状態方程式の公式である式 (4.10) を適用する）．

$$\boldsymbol{x}(k+1) = F\boldsymbol{x}(k) + G\Delta T(k) \tag{4.22}$$
$$y(k) = \boldsymbol{C}\boldsymbol{x}(k) \tag{4.23}$$

ただし，

$$F \equiv \exp(AT) = \begin{bmatrix} F_{11} & F_{12} & F_{13} & F_{14} \\ F_{21} & F_{22} & F_{23} & F_{24} \\ 0 & 0 & 1 & 0 \\ 0 & 0 & T & 1 \end{bmatrix}$$

$G \equiv \exp(AT/2)\boldsymbol{b}E$

$T \equiv$ （サンプリング時間）

$\boldsymbol{C} \equiv [1,\ 0,\ 0,\ 0]$

$\boldsymbol{x}(k),\ \boldsymbol{y}(k)$：$kT$ の時刻での値

この状態方程式に対して，ここでは，出力電圧をデッドビート制御し，かつ外乱はディジタル系の外乱オブザーバで推定する場合を考察する．ただし，実験でのコンピュータの計算時間などを考慮すると，1サンプル先の状態変数も推定する必要があるので，これにもオブザーバが必要となる．

注意5 時間連続系で外乱オブザーバを設計し，Tustin 変換（双 1 次変換）でディジタル系に変換する方法も有力である（6.5.2 および 8.2.2 参照）． □

4.3.5 外乱に対するオブザーバの構成

状態変数 $v(k),\ i(k),\ I_L(k)$ の1サンプル時間先の値をそれぞれフルオーダーオブザーバで求める手法は，参考文献 [59] などで公表されているが，状態変数と外乱電流の推定の時定数を同じ極配置に用いるので，実験上ノイズの影響を受けやすいという問題がある．ここでは，外乱電流だけを別の極で推定する例を考える[34]．

出力電流 i_0 と出力電圧 v を実測するので，外乱電流 I_L は $i_0 - v/R_{\text{nom}}$ で求

まる．R_{nom} は定格抵抗負荷である．したがって，定格抵抗負荷電流以外の成分を全て外乱とみなすようなオブザーバを考える．この外乱を線形近似（ランプ状），つまり 2 階微分が 0 と仮定し，これを離散時間でモデル化する．インバータ駆動系の離散時間モデル状態方程式の公式である式 (4.10) を使うと，次式 (4.24)，(4.25) を得る．

$$\boldsymbol{x}_2(k+1) = F_{\mathrm{dis}}\boldsymbol{x}_2(k) \tag{4.24}$$

$$y_2 = \boldsymbol{C}_2 \boldsymbol{x}_2 \tag{4.25}$$

ただし，

$$\boldsymbol{x}_2 \equiv [\dot{I}_L(k), I_L(k)]^T$$

$$F_{\mathrm{dis}} \equiv \begin{bmatrix} 1 & 0 \\ T & 1 \end{bmatrix}$$

$$\boldsymbol{C}_2 \equiv [0,\ 1]$$

とする．この推定値を求めるため，フルオーダーオブザーバを次式で構成する．

$$\hat{\boldsymbol{x}}_2(k+1) = F_{\mathrm{dis}}\hat{\boldsymbol{x}}(k) + \boldsymbol{L}_2\boldsymbol{C}_2\{\boldsymbol{x}_2(k) - \hat{\boldsymbol{x}}_2(k)\} \tag{4.26}$$

ただし，

$$\text{ゲイン}\quad \boldsymbol{L}_2 \equiv [L_{2_1}, L_{2_2}]^T$$

式 (4.24)，(4.26) より誤差システムを求めると，

$$\varepsilon_2(k+1) = \{F_{\mathrm{dis}} - \boldsymbol{L}_2\boldsymbol{C}_2\}\varepsilon_2(k) \tag{4.27}$$

となる．ただし，

$$\varepsilon_2(k) \equiv \boldsymbol{x}_2(k) - \hat{\boldsymbol{x}}_2(k)$$

ゲイン $\boldsymbol{L}_2$ を変えることにより式 (4.27) の極を自由に選べるので，状態変数のオブザーバの極と無関係に選べる．

以下，外乱が推定できると仮定して，さらに，計算時間を考慮して，1 サンプル先の状態変数 $v(k)$ および $i(k)$ を求めるオブザーバを組めば（式 (4.20) を

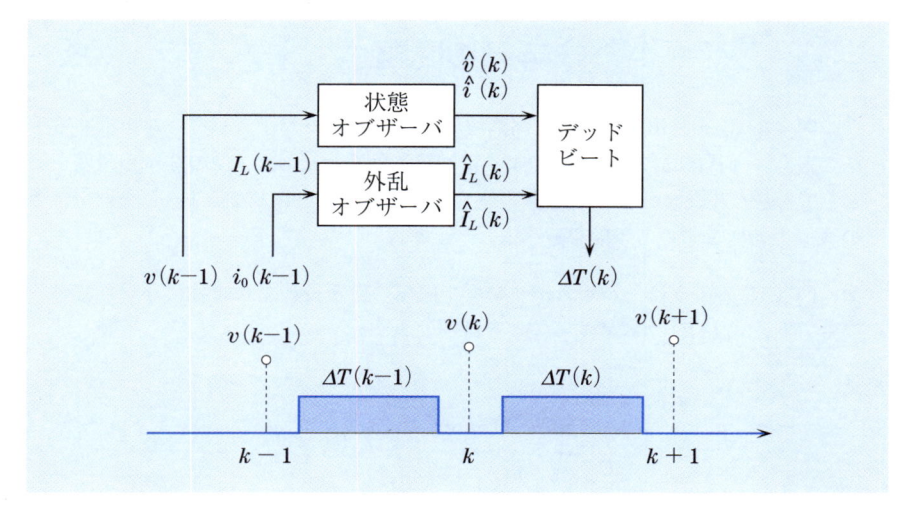

図 4.14 外乱オブザーバとデッドビート制御を組合せた場合の計算時間を示すタイミングチャート

変形する必要がある），各種ディジタル制御が実現できる．例として，外乱推定と状態推定を組合せたデッドビート制御のタイミングチャートを図 4.14 に示した．

4章の問題

1 図 4.3 (b) を利用して，特定高調波成分を 0 にするパルスパターンを求める手法を考えよ．具体的には，同図のように，電気角で α_1, α_2, α_3 の 3 つの角度を調節して，基本波成分が A_0, 3 次および 5 次高調波成分が 0 となるようにしたい．その 3 つの角度を求める手順を述べよ．

2 図 4.15 のように，パルスがサンプル区間の前と後に左右対称に分かれている場合でも，式 (4.7) が成立することを証明せよ．

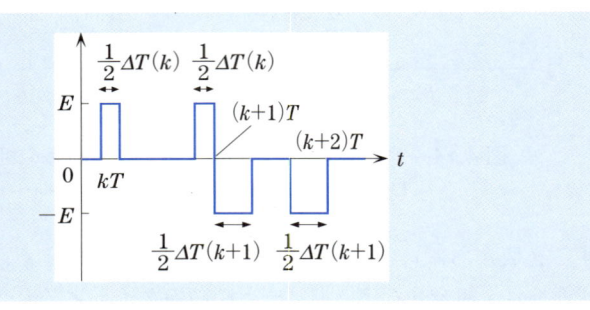

図 4.15 サンプル区間内で前後の 2 つに分かれているパルスパターン

3 $L = 100\,(\mu\mathrm{H})$, $C = 50\,(\mu\mathrm{F})$, $R = 50\,(\Omega)$, $T = 50\,(\mu\mathrm{s})$ を代入して，式 (4.12) の F および g を具体的に求めよ．

4 式 (4.12) を利用して状態デッドビート制御側を導け．状態デッドビートでは，2 サンプル周期後に全ての状態変数が指令値に一致するように設計する．

5 図 4.12 において，外乱 $d(z)$ から誤差出力 $e(z)$ までの伝達関数を求めよ．また，指令値 $x_{\mathrm{ref}}(z)$ から誤差出力 $e(z)$ までの伝達関数との違いを明らかにせよ．

6 6.5.2 を参考にして，外乱推定を時間連続系の外乱オブザーバで設計してから，8.2.2 を参考にして双 1 次変換（Tustin 変換）を用いて離散時間系変換し，外乱を推定するオブザーバを設計せよ．具体的には，4.3.4 の式 (4.26) に対応する式を求めよ．

5 整流器およびアクティブフィルタのディジタル電流制御

　本章では電流制御に関して，整流器およびアクティブフィルタのディジタル電流制御を中心に述べる．モータ電流制御については，6章で概説する．

　整流器の力率を改善するためにスイッチングデバイスを追加したものは総称して高力率コンバータ（**PFC, Power Factor Improved Converter**）と呼ばれているが，その電流をディジタル制御する場合について単相 PWM 整流器を例にとり，詳しく述べる．

　さらに，アクティブフィルタ（AF）の電流制御の周波数特性を改善するためのディジタル制御についても記述する．まず，アクティブフィルタの制御論的な見方を紹介し，フィードバック理論で解析可能であることを示す．次に，電流制御のためのモデルの例として，2次系を例にとり概説する．4章での離散時間モデルの導出結果が使える．

> **5章で学ぶ概念・キーワード**
> - 電流制御，高力率コンバータ，PWM 整流器
> - ヒステリシス制御
> - アクティブフィルタ，負荷側検出，電源側検出
> - AF の電流制御

第 5 章　整流器およびアクティブフィルタのディジタル電流制御

この章では電流制御を中心に整流器およびアクティブフィルタのディジタル電流制御を中心に述べる．モータ電流制御については，6 章で概説する．

5.1　単相整流器の基礎

図 5.1 は，コンデンサインプット型整流器といわれる単相の整流器で，図 5.2 に示すようなピーク状の交流電流が流れることが知られている．このままでは，高調波電流が多いので，高調波成分を減らすためには，整流器部分にオン/オフが可能なデバイスを用いることにより，力率を改善する．これらは総称して高力率コンバータ（PFC，Power Factor Improved Converter）と呼ばれる．

この主な利点は，
① 　AC 側の基本波力率が 1 に近いので電源容量が小さくてもよい
② 　AC 側の高調波電流を規制値以下にできる
などである．

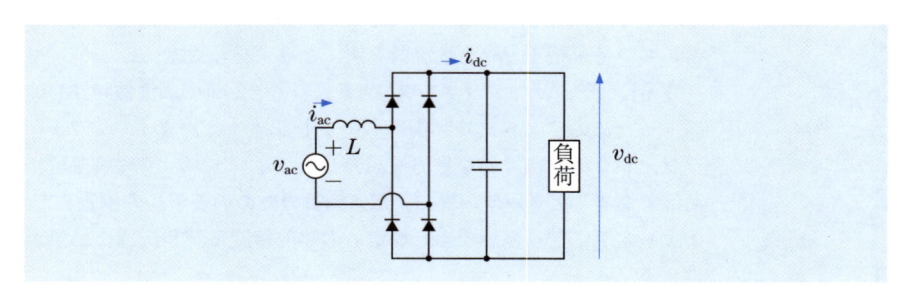

図 5.1　コンデンサインプット型整流器

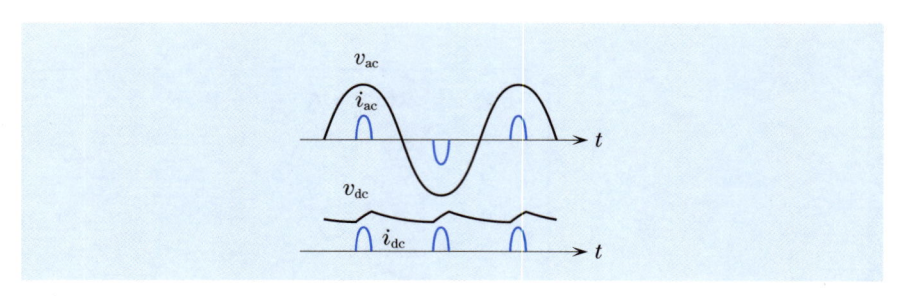

図 5.2　図 5.1 の電圧と電流波形

5.1 単相整流器の基礎

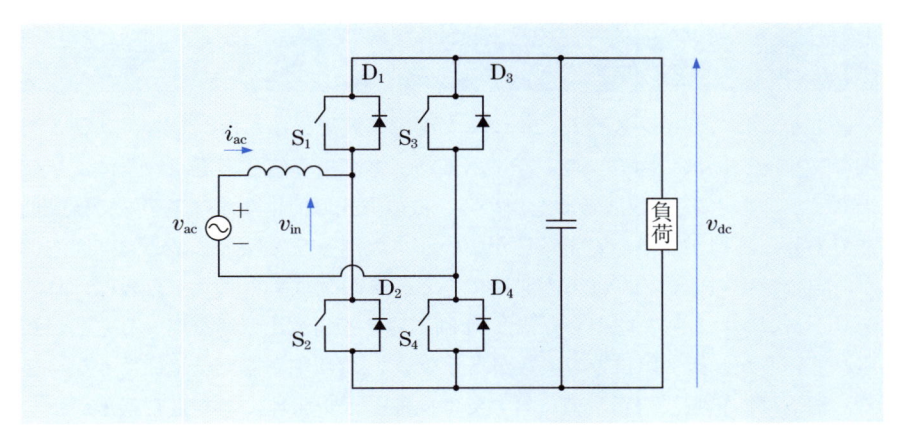

図 5.3 PWM 整流器の回路例

そこで，一例として，図 5.3 のような PWM 整流器の入力電流（交流側電流）について説明する．スイッチは，必ずしも 4 つ必要ではないが，説明をわかりやすくするために，この例ではダイオードに逆並列に 4 つスイッチを入れた．このスイッチの制御については次節に述べる．

5.2 アナログ手法による電流制御

図 5.4 にヒステリシス制御に基づく交流電流波形を示した．ヒステリシス制御のブロック図は，図 5.5 のように示され，電流指令値と実電流の差によりどのスイッチをオン/オフするかを決める．この方式は簡単なオペアンプで構成可能であり，制御が簡単で安定領域が広いが，欠点としてはスイッチング周波数が一定にはならないので注意が必要である．この欠点を克服するために，ヒステリシスコンパレータのかわりに，PI 制御器と三角波比較器を用いる方法が知られているが，指令値信号の次数が高くなると，PI 制御器では追従できなくなる．例えば，正弦波の指令値に対しては内部モデル原理により定常誤差が生じるので，周波数が高くなればなるほど定常誤差は大きくなる．別の発想として，ディジタル制御により電流を指令値に追従させることも可能であるので，次節にその方法を述べる．

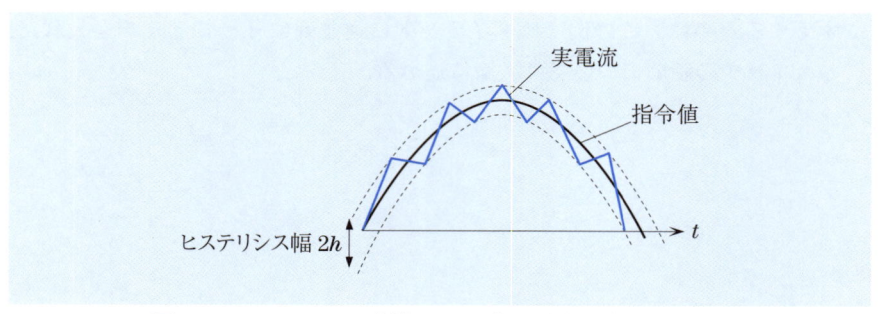

図 5.4 ヒステリシス制御による交流電流の波形の一例

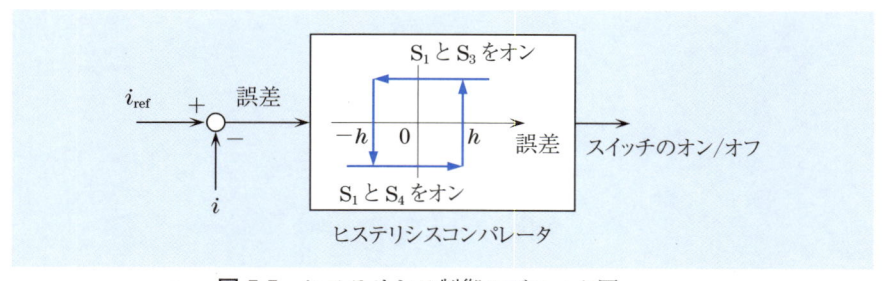

図 5.5 ヒステリシス制御のブロック図
（図中のオン/オフパターンは一例）

5.3 PWM整流器の交流電流のディジタル制御

図 5.3 の回路で，整流器の交流入力側の電圧 v_{in}（図 5.3 参照）を，例えば図 5.6 のようになるように，スイッチ（S_1 から S_4）をオン/オフさせると電流は図 5.7 のような波形になる．以下では，この波形をサンプルデータモデルとして解析する．仮定として，1 サンプル区間内で v_{ac} と v_{dc} は一定とする．

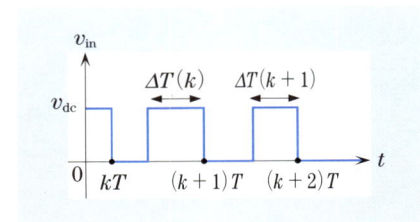

図 5.6 整流器ブリッジ電圧 v_{in}（図 5.3）の波形と $\Delta T(k)$ の定義

図 5.7 整流器ブリッジの電流 i_{ac}（図 5.3）の波形

1 サンプル時間 T を図 5.6 のようにスイッチ S_1 と S_3 がオンの時間とスイッチ S_1 と S_4 がオンの時間に分け，後者の時間を $\Delta T(k)$ と定義する．次の 2 つのモードが存在する．

(1) モード I $kT < t < kT + \Delta T'(k)$ の場合

図 5.8 のような回路（S_1 と S_3 がオン，S_2 と S_4 がオフ）状態では，回路方程式は次式となる．ただし，$\Delta T'(k) = T - \Delta T(k)$ と定義する．

$$L \frac{di}{dt} = v_{ac}(k) \tag{5.1}$$

これを解くと $\Delta T'(k)$ 秒後の電流は，次式となる．

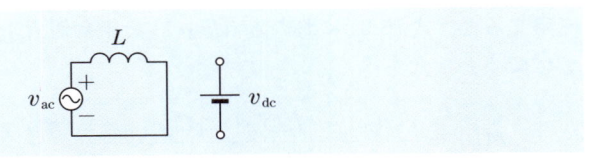

図 5.8 モード I の回路（図 5.3 で S_1 と S_3 がオン）

$$i(kT + \Delta T'(k)) = i(kT) + \frac{\Delta T'(k)}{L} v_{\mathrm{ac}} \tag{5.2}$$

(2) モード II $kT + \Delta T'(k) \leq t \leq (k+1)T$ の場合

図 5.9 のような回路（S_1 と S_4 がオン，S_2 と S_3 がオフ）で回路方程式は，

$$L\frac{di}{dt} = v_{\mathrm{ac}}(k) - v_{\mathrm{dc}}(k) \tag{5.3}$$

となり，これを解くと時刻 $t = (k+1)T$ での電流は，

$$i((k+1)T) = i(kT + \Delta T'(k)) + \frac{\Delta T(k)}{L}\{v_{\mathrm{ac}}(k) - v_{\mathrm{dc}}(k)\} \tag{5.4}$$

となる．

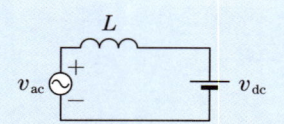

図 5.9 モード II の回路（図 5.3 で S_1 と S_4 がオン）

式 (5.2) と式 (5.4) をまとめると，次式を得る．

$$i(k+1) = i(k) + \frac{T}{L}\{v_{\mathrm{ac}}(k) - d(k)v_{\mathrm{dc}}(k)\} \tag{5.5}$$

ただし，

$$d(k) \equiv \{T - \Delta T(k)\}/T \tag{5.6}$$

式 (5.5) が，離散時間での状態方程式になるので，例えば，デッドビート制御を考えると，式 (5.5) において $i(k+1)$ を指令値 $i_{\mathrm{ref}}(k+1)$ とおき，$d(k)$ について解くと次式を得る．

$$d(k) = \frac{v_{\mathrm{ac}}(k) - (L/T)\{i_{\mathrm{ref}}(k+1) - i(k)\}}{v_{\mathrm{dc}}(k)} \tag{5.7}$$

5.3 PWM 整流器の交流電流のディジタル制御

このようなデューティ比 $d(k)$ が実行できれば，1サンプル先において実電流 $i(t)$ は，サンプル時刻 $(k+1)T$ において指令値 $i_{\text{ref}}(k+1)$ と一致する．

ただし，実用上は $i(k)$ を実測してから式 (5.6) を計算するための計算時間が必要となるので，そのため時間の遅れを考慮し，オブザーバを構成するか，または FPGA などにより高速の計算を考えるなどの対策が必要となる．

式 (5.7) で電流を制御しようとすると，v_{ac} の値が小さいとき，つまり零電圧近傍では，式 (5.2) において v_{ac} が小さいために電流 i が十分増加しない現象を生じることがある．この場合，モード I に工夫が必要となる．例えば，図 5.3 の S_3 と S_2 をオン，S_1 と S_4 はオフさせることにより，図 5.10 のような回路が構成でき，この場合の回路方程式は

$$L\frac{di}{dt} = v_{\text{ac}}(k) + v_{\text{dc}}(k) \tag{5.8}$$

となる．これは式 (5.1) とは異なり，電流は v_{ac} よりも v_{dc} に大きく依存して増加させることができる．

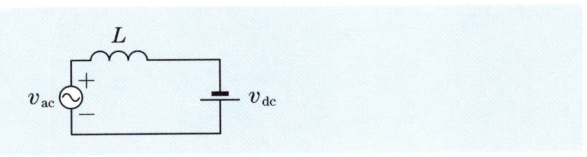

図 5.10 モード I' の回路（図 5.3 で S_3 と S_2 がオン）

[注意] 第 4 章で述べたように，出力電圧のパルスを1サンプル区間の中央に左方対称に配置し，その大きさを $+v_{\text{dc}}$ ならば正の $\Delta T(k)$，$-v_{\text{dc}}$ ならば，負の $\Delta T(k)$ と定義すると，第 4 章の結果がそのまま使える（章末問題参照）．□

5.4 直流電圧の制御

前節の解析では，電流指令値が与えられて直流電圧が測定されれば，入力電流を任意の波形に制御できることが示された．しかし，整流器であるので出力の直流電圧と指令値とを比較し，その差を補償器に入れ電流指令値を決めるような制御が行われる．この制御に関しては，いろいろな手法が提案され，実用化されている．また，入力側の力率を必ずしも 1 にしなければ，無効電力制御も行える．なお，3 相整流器で，式 (5.7) の制御には 3 相/2 相変換などが必要となる．

▣ 新しいスイッチングデバイス——SiC デバイス

化合物半導体 SiC を用いた新しいスイッチングデバイスは，高耐圧，高速，高温度動作可能などの特色を有しており，Si デバイスの次の素材として注目を浴びている．双方向性スイッチなどが実現できれば，高耐圧の特徴を生かして，99.6%の変換効率の電力変換器が実現できると，故高橋勲長岡技科大教授は予言された．2005 年の段階では各所の研究開発機関で精力的に基礎研究が行われている．素材の性質により，エネルギー変換効率が向上すれば，本書で述べたような使い方（制御方法）がますます重要になると思われる．

5.5 アクティブフィルタの制御論的な見方

正確に表現するならば,電力用アクティブフィルタの表現のほうがわかりやすいが,この分野での習慣に従って AF(アクティブフィルタ,Active Filter)と呼び,その制御の基本と電流制御について概説する.

図 5.11 は,各種電気機器から発生する高調波電流にともなって生じる問題点を,模式的に説明した図である.高調波発生源からの高調波電流がそのまま系統側に流れ込むと,系統側のインピーダンスによって,受電端に高調波電圧が発生するメカニズムを示している.この高調波電流を受電端で補償する手法としては,図 5.12 (a) および (b) に示した,並列補償および直列補償といわれる手法が知られている.(a) の並列補償は,負荷電流や高調波発生源に並列な回路を接続して補償電流を注入する.一方,(b) の直列補償では,負荷と直列に電圧源を挿入することにより,補償電圧を印加し,高調波の影響を抑圧する.

以下では,並列型の補償法について述べる.

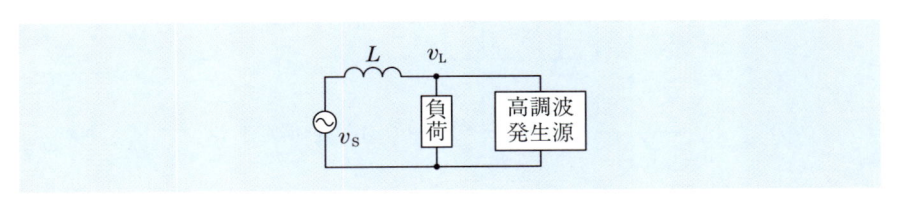

図 5.11 高調波電流発生に起因する電圧歪みの説明図

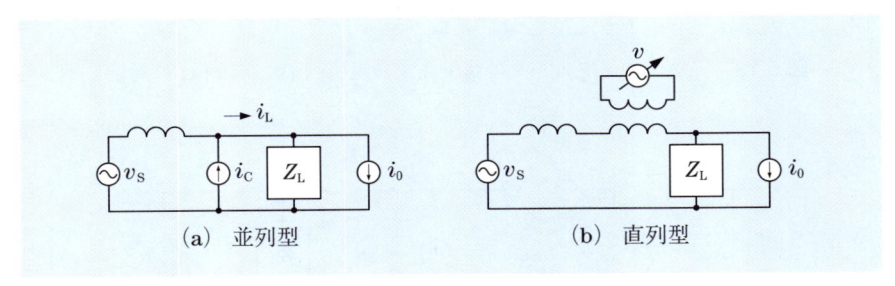

図 5.12 アクティブフィルタの並列および直列型補償

5.6 並列補償型アクティブフィルタの効果の解析

5.6.1 負荷側の高調波電流を検出する方法

図 5.12 (a) の並列型補償において，負荷電流として i_L を定義し，例えば図 5.13 (a) に示すように，歪んだ電流が流れると仮定する．これに対し電流側電流が正弦波電流になるように並列な補償器（AF）から歪んだ電流の逆符号の補償電流を流すと同図 (b) のようになり，図 (c) に示すように電源電流が正弦波になれば受電端には高調波電圧は発生しないはずである．この手法はフィードフォワード補償と呼んでもよい．

図 5.14 を用いてこの制御の解析を行う．電源電圧を v_S，電源電流を $i(t)$，高調波電流を $i_0(t)$，補償電流を $i_C(t)$ と定義し，それぞれのラプラス変換を V_S，I_S，I_0，I_C，また，負荷インピーダンスを $Z_L(s)$ と定義する．

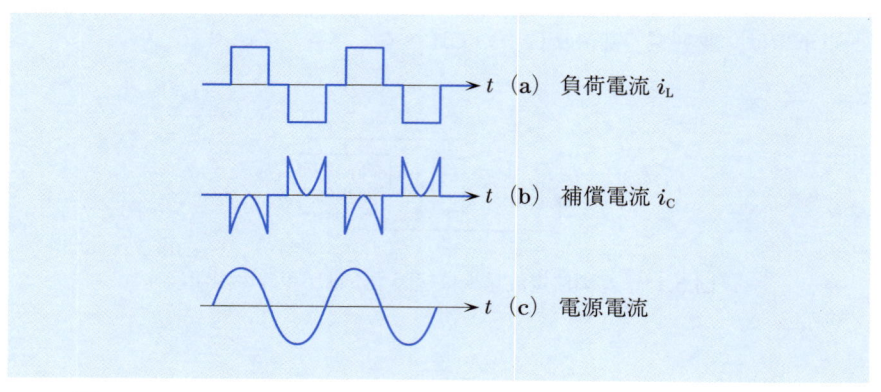

図 5.13 アクティブフィルタの補償電流の説明図 (図 5.12 (a) に対応)

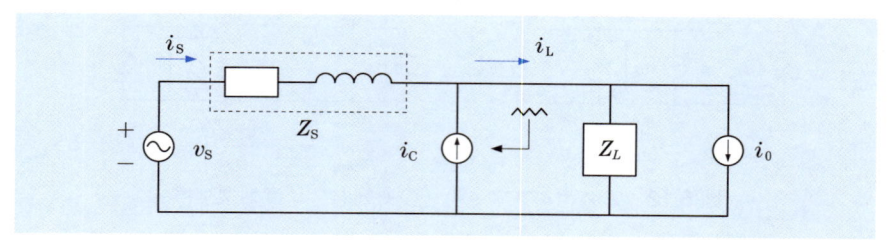

図 5.14 負荷電流検出型並列型アクティブフィルタの解析モデル

5.6 並列補償型アクティブフィルタの効果の解析

補償電流 I_C は，一般式として，負荷電流のある周波数成分を補償すると仮定して次式を用いる．

$$I_C = G I_L \tag{5.9}$$

ただし，G はゲインである．

また，キルヒホッフの電流則（KCL）より

$$I_S + I_C = I_L \tag{5.10}$$

式 (5.8) を式 (5.9) に代入して，I_L について解くと，次式となる．

$$I_L = \frac{I_S}{1 - G} \tag{5.11}$$

一方，キルヒホッフの電圧方程式（KVL）より

$$I_S Z_S + (I_L - I_0) Z_L = V_L \tag{5.12}$$

式 (5.10) を式 (5.11) に代入し，I_S について解くと，次式となる．

$$I_S = \frac{V_S}{Z_S + \dfrac{Z_L}{1 - G}} + \frac{Z_L I_0}{Z_S + \dfrac{Z_L}{1 - G}} \tag{5.13}$$

通常は，負荷インピーダンス Z_L はインダクタンス成分が支配的である場合が多く，その場合は $Z_L \gg Z_S$ となるので式 (5.13) を変形すると，

$$I_S \approx (1 - G) \frac{V_S}{Z_L} + (1 - G) I_0 \tag{5.14}$$

この式は，ある周波数の高調波成分に関しても成立すると考えられるので，各記号にサフィックスの h を付けて書き直すと

$$I_{Sh} \approx (1 - G) \frac{V_{Sh}}{Z_{Lh}} + (1 - G) I_{0h} \tag{5.15}$$

ただし，h を付けた記号は対応する変数の高調波成分を意味する．例えば，7 次高調波に関しては式 (5.15) の h が 7 であると考え，7 次高調波に対応する式と理解する．したがって $G = 1$ ならば，$I_{Sh} \to 0$ となることがわかる．$G = 1$ の状態とは，I_L の高調波成分を逆符号で電源側へ注入する場合と等しい（図 5.14 参照）．

ただし，前述の前提条件（Z_L インダクタンス成分が支配的）が成立しない場合もある．例えば，負荷の近くに LC フィルタを設置して，5 次と 7 次の高調波を除去しようとしている場合である．式 (5.14) は成立しなくなり，むしろ，式 (5.13) に戻って，各記号にサフィックスの h をつけて正確に書き直すと，

$$I_{Sh} = \frac{V_{Sh} + Z_{Lh}I_{0h}}{Z_{Sh} + \dfrac{Z_{Lh}}{1-G}} \tag{5.16}$$

となる．高調波の次数によっては，$Z_{Sh} \gg Z_{Lh}$ が成立するので，この式によれば，$G = 1$ に選んでも高調波電流は，抑制されないことがわかる．

5.6.2 電源側の高調波電流を検出する方法

図 5.15 に示すように，電源側の高調波電流を検出して次式に従い補償する場合を想定する．

$$I_C = GI_S \tag{5.17}$$

KCL により

$$I_S + I_C = I_L \tag{5.18}$$

式 (5.17) を式 (5.18) に代入して I_L について解くと

$$I_L = (1+G)I_S \tag{5.19}$$

KVL により

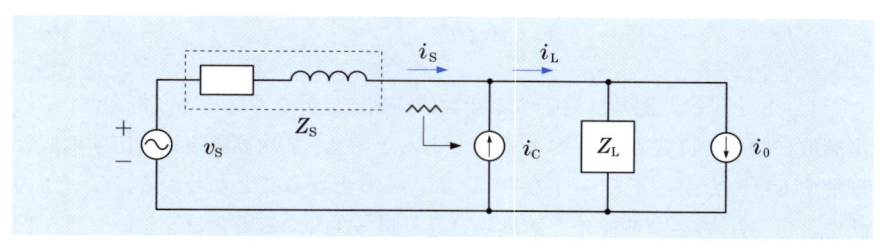

$$I_S Z_S + (I_L - I_0)Z_L = V_S \tag{5.20}$$

図 5.15 電源側電流検出並列型アクティブフィルタの解析モデル

5.6 並列補償型アクティブフィルタの効果の解析

式 (5.19) を式 (5.20) に代入し I_S について解くと

$$I_S = \frac{V_S}{Z_S + (1+G)Z_L} + \frac{Z_L I_0}{Z_S + (1+G)Z_L} \tag{5.21}$$

特定の高調波成分に注目することにして，各記号にサフィックスの h を付けると，次式となる．

$$I_{Sh} = \frac{V_{Sh}}{Z_{Sh} + (1+G)Z_{Lh}} + \frac{Z_{Lh} I_{0h}}{Z_{Sh} + (1+G)Z_{Lh}} \tag{5.22}$$

今度はゲイン G を大きく選べば，Z_{Lh} の大小によらず $I_{Sh} \to 0$ となることがわかる．5.6.1 の負荷電流検出方法においては，Z_{Lh} と Z_{Sh} の大きさによって，補償が難しい場合もあるが，本方式では，式 (5.22) によって電源側電流が決まる．ただし，Z_{Lh} が小さい場合は，ゲイン G が大きくなる．

5.6.3 電源側検出一括補償方式の制御ブロック図

前述の電源側高調波検出による一括補償方式を制御的あるいは，フィードバック理論的に解析するために図 5.16 を用いて考察する．図 5.15 とは I_S の向きと，I_0 の向きが逆であるので注意を要する．

まず，補償電流 I_C を次式で決める．

$$I_C = -G_{AF} I_{Sh} \tag{5.23}$$

ただし，$G_{AF}(s)$ は任意の伝達関数であり，I_{Sh} は I_S の基本波成分を除いたものと仮定する．

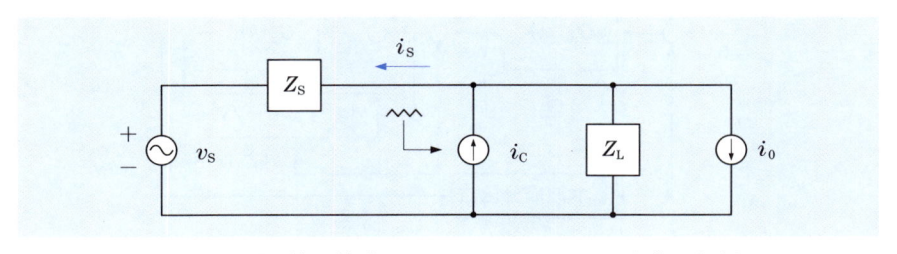

図 5.16 電源側電流検出並列型アクティブフィルタの制御用解析モデル
　　　　(図 5.15 とは i_S と i_0 の向きが違うので注意すること)

図 5.16 に重ね合わせの原理を用いると簡単な計算の後，I_{Sh} の伝達関数が次式で求まる．

$$I_{\text{Sh}} = \frac{Z_{\text{Lh}}}{Z_{\text{Sh}} + Z_{\text{Lh}}}(I_{\text{C}} + I_{\text{0h}} - V_{\text{Sh}}/Z_{\text{Lh}}) \tag{5.24}$$

ただし，V_{Sh} は V_{S} からその基本波成分を除いたものとする．

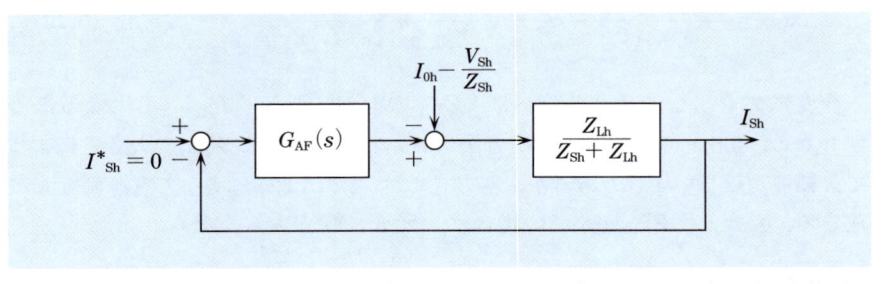

図 5.17 図 5.16 にもとづくアクティブフィルタの制御の基本ブロック図

式 (5.23)，(5.24) を基にして，制御としてのブロック図を描くと図 5.17 となる．この図から一括補償方式は，高調波電流 I_{Sh} の指令値を 0 にして，フィードバック制御するものとして，とらえることができることがわかる．$G_{\text{AF}}(s)$ の周波数特性により高調波抑制は自由に設計できる．

例　外乱オブザーバを用いて補償したい電流成分を指定する場合の制御のブロック図を，図 5.18 に示した[37]．

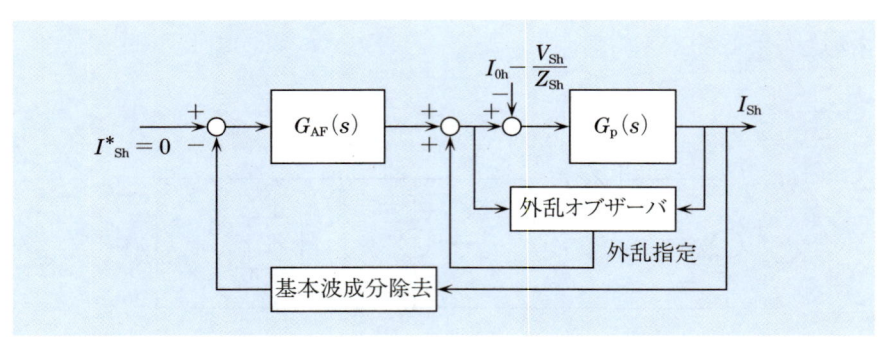

図 5.18 外乱オブザーバを用いた電源電流検出一括補償型 AF の一構成法
　　　　（G_{p} は図 5.17 のプラント部分を定義したもの）

5.7 AFの電流制御

これまでの解析では，AF は任意の補償電流を出力できると仮定してきたが，具体的に電流源として動作するには電流制御が必要となる．アナログでの PI 制御やヒステリシス制御，ディジタルでのデットビート制御などが存在するので，これらの制御に必要なモデル化を中心として述べる．

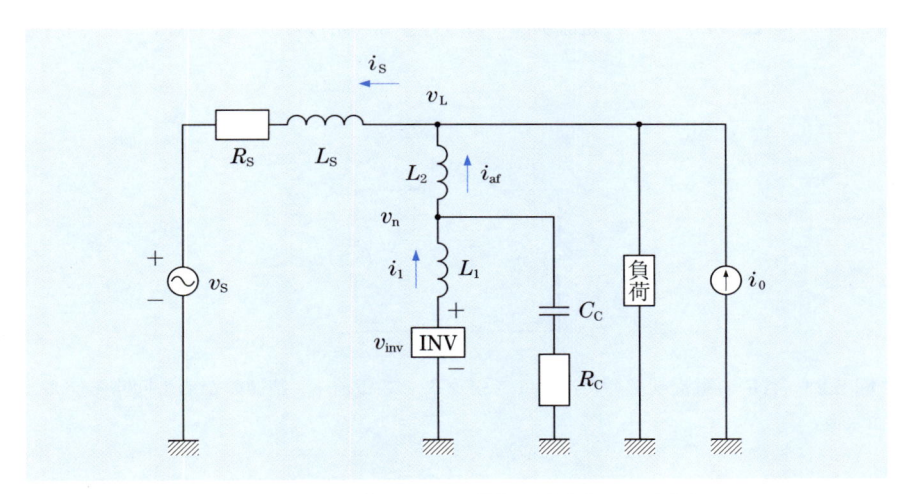

図 5.19 AF の電流制御のための等価回路(1)——全体図
（v_inv はインバータブリッジの出力電圧を示したもの）

図 5.19 において，AF の出力電流 i_af をなるべく高い周波数領域まで出力できるように制御することを目的とするための数式モデルを導出する．同図で L_2 や C_C などを用いたフィルタがなければ，5.3 節の電流制御と同様の手順で電流制御則が導ける．ここでは，次数を上げたモデルで検討する．

受電端の電圧 v_L に対して図 5.20 の等価回路を考え，さらにこれを 2 つの回路に分解して考える．つまり，図 5.21 のようにインダクタンス L_2 の電流制御部分と，図 5.22 のように中間電圧 v_n の制御とに分解する．図 5.22 において i_af を外乱とみなして v_n が制御できれば，図 5.21 において v_n を制御することにより i_af が制御できる．

電流制御の制御則（図 5.22）は，5.3 節を参考にすれば，容易に導出できる．

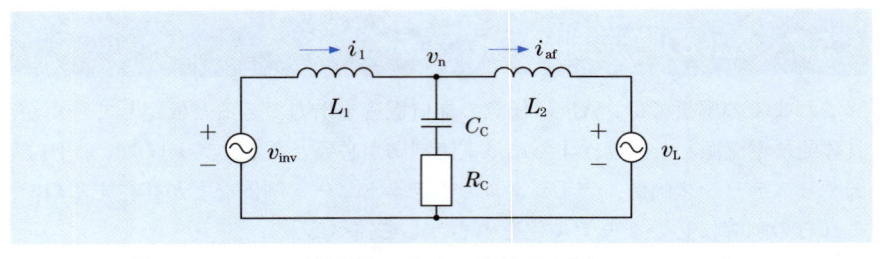

図 5.20 AF の電流制御のための等価回路(2)——モデル化

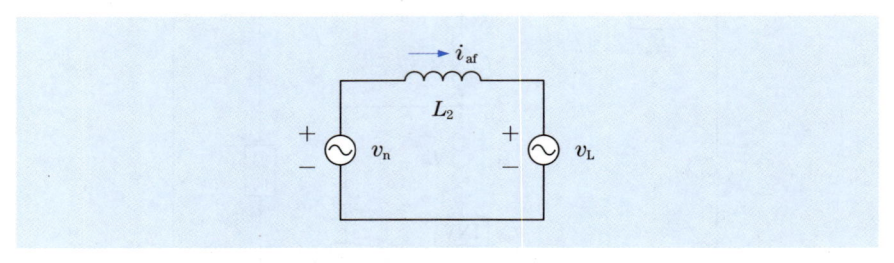

図 5.21 AF の電流制御のためのインダクタンス電流 i_af 制御のための回路モデル

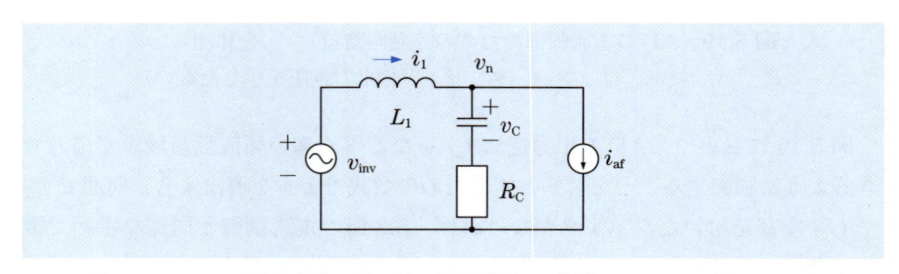

図 5.22 AF の電流制御のための中間電圧 v_n 制御のための回路モデル

以下では，図 5.20 での状態方程式についてもう少し検討してみよう．

状態変数として，L_1 の電流 i_1，C_C の電圧 v_C および出力電流 i_af をランプ状外乱として考えると，次の状態方程式を得る．

5.7 AF の電流制御

$$\frac{d}{dt}\begin{bmatrix} i_1 \\ v_C \\ i_{af} \\ \dot{i}_{af} \end{bmatrix}$$

$$= \begin{bmatrix} R_C/L_1 & -1/L_1 & R_C/L_1 & 0 \\ 1/C_C & 0 & -1/C_C & 0 \\ 0 & 0 & 0 & 1 \\ 0 & 0 & 0 & 0 \end{bmatrix} \begin{bmatrix} i_1 \\ v_C \\ i_{af} \\ \dot{i}_{af} \end{bmatrix} + \begin{bmatrix} 1/L_1 \\ 0 \\ 0 \\ 0 \end{bmatrix} v_{inv} \quad (5.25)$$

式 (5.25) と 4 章で述べたインバータ駆動系の離散時間モデルの状態方程式の公式 (4.10) を用いると，状態方程式は容易に求まる．さらに，中間電圧 V_n は，4 章を参考にすれば，各種制御則が求まる．

以上のように，まず，中間電圧を制御し，次に，インダクタンスの電流を制御することにより，任意の電流源が実現できる．実用上の問題点としては，

(1) 3 相/2 相変換
(2) 電流指令値の求め方
(3) コンピュータでの計算時間による制御遅れの補償

などがあげられる．(1) については付録 B を参照にし，(2) に関しては，文献 [37], [40] を参考のこと．

5章の問題

☐**1** PWM 整流器の一例として示した図 5.3 において，スイッチが必ずしも 4 つ必要でない理由を述べよ．

☐**2** 4 章で述べたインバータ駆動系の離散時間モデルの状態方程式の公式 (4.10) を用いて，式 (5.5) に対応する式を導出し，得られた結果を比較してみよ．

☐**3** 式 (5.25) を導出せよ．

☐**4** 図 5.22 において，電圧 v_n が出力デットビート応答するような制御則を求めよ．

☐**5** 図 5.21 において，出力電流 i_{af} がデットビート応答するような制御則を求めよ．

6 各種モータ電流のディジタル制御とモーションコントロール

　本章では，各種モータの電流マイナーループ制御に関して述べる．この制御ループはノウハウ的なところが多く，詳しく述べた例があまり見当たらないが，モータ電流はモータトルクに直結するという意味において非常に重要である．まず，直流モータの電流の制御により，理論的にはトルクが時間遅れ 0 で制御できることを示す．次に，PM モータの電流制御をディジタル機器で行う場合を詳細に述べる．さらに，ステッピングモータの電流制御および誘導機のデッドビート電流制御に関して述べる．
　また，これらの電流制御が十分高い周波数まで働いている状態でのモーションコントロールに関して概説する．特にロバスト制御の例題として，スライディングモード制御や外乱オブザーバに関して述べる．

> **6 章で学ぶ概念・キーワード**
> - DC モータの電流制御
> - PM モータの電流制御
> - ステッピングモータの電流制御
> - 誘導機の電流制御
> - ロバスト制御，スライディングモード制御，外乱オブザーバ

78 第 6 章 各種モータ電流のディジタル制御とモーションコントロール

DC モータや PM モータなどの各種モータにおいてマイナーループとして必ずといってよいほど電流制御ループが存在する．電流値がトルク出力と直接関係するからである．電流マイナーループには，ヒステリシス制御や PI 制御などの簡単な補償器が用いられることが多い．それらを含め，ディジタル制御のためのモデル化とその応用について概説する．

6.1　DC モータの電流マイナーループ制御

図 6.1 に代表的な DC モータのブロック図を示す．L_a, R はモータのインダクタンスと巻線抵抗，K_T, K_E はトルクおよび誘起電圧定数，J, B はモータのイナーシャと粘性摩擦係数である．出力トルクを制御する場合はモータ電流を制御する必要が生じる．その代表的な手法を紹介する．

モータ電流 i_a を検出し，入力指令値と比較してフィードバックする電流マイナーループの一例を図 6.2 に示した．電流を検出した後，電流指令値 i_ref と比較し，ハイゲインなパワーアンプ（ゲイン A_i）を介して DC モータへの入力電

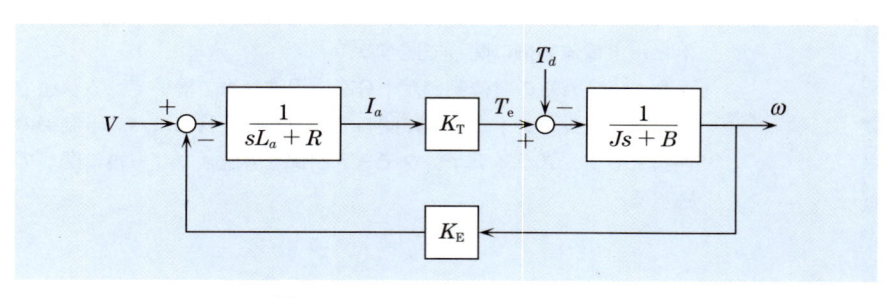

図 6.1　DC モータのブロック図

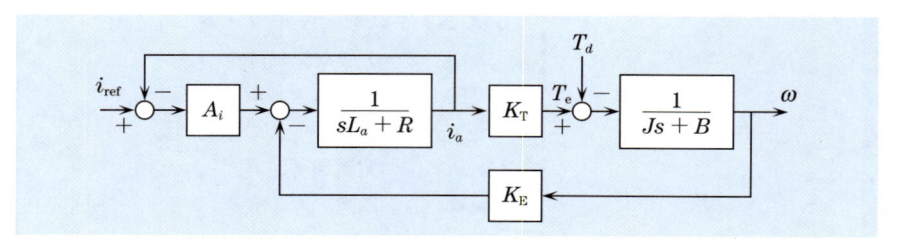

図 6.2　DC モータの電流マイナーループのブロック図

圧をチョッパ回路などで生成する．図 6.2 において，I_{ref} から I_a までの伝達関数を求めると

$$I_a(s) = \frac{\left(I_{\text{ref}} A_i + \dfrac{K_{\text{E}}}{Js+B} T_d\right) \dfrac{1}{sL_a+R}}{1 + \left(A_i + K_{\text{T}} \dfrac{K_{\text{E}}}{Js+B}\right) \dfrac{1}{sL_a+R}} \tag{6.1}$$

となる．ゲイン A_i が非常に大きい場合は，

$$\lim_{A_i \to \infty} I_a(s) = I_{\text{ref}}(s) \tag{6.2}$$

となり，モータ電流は，指令値と一致する．この場合，等価モデルでは，図 6.3 に示したように指令値により，トルクが直接制御できることになる．

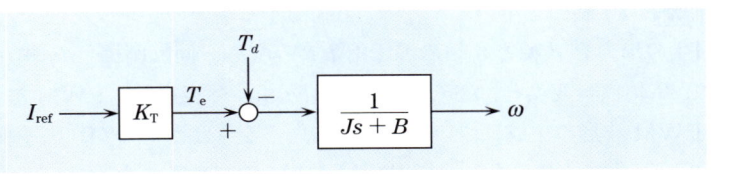

図 6.3 ACR（電流制御）後の等価回路

6.2 PMモータの電流マイナーループ制御

回転座標系（dq軸）で記述されたPMモータ（円筒型と仮定）の回路方程式は，よく知られているように次式で与えられる．

$$\begin{bmatrix} V_d \\ V_q \end{bmatrix} = \begin{bmatrix} r+pL_s & -\omega_r L_s \\ \omega_r L_s & r+pL_s \end{bmatrix} \begin{bmatrix} i_d \\ i_q \end{bmatrix} + \begin{bmatrix} 0 \\ \omega_r \phi \end{bmatrix} \quad (6.3)$$

トルク

$$T_e = p_n \phi i_q$$

各記号については，付録C.1を参照のこと．トルクを制御するには，例えばi_dを0にi_qを指令値i_{qref}と一致させるような電流マイナーループを組む．

[例] PI制御を用いてV_d, V_qを制御する場合のブロック図を，図6.4に示す．PIの出力をd軸とq軸の電圧指令とみなし，回転座標（dq軸）から静止座標（$\alpha\beta$軸）へ変換し，さらに3相（abc相）へ変換し，PWM波形を合成する．PWM波形の生成については，いろいろな手法があるが，広く使われているのは，三角波比較器を通してPWM波形を合成することが多い．空間ベクトルを用いる方法や，付録B.1に述べてある線間電圧制御などがある．PIのゲインは経験的に決めることになる．離散時間モデル状態方程式の公式(4.10)を用いれば，プラント(6.3)に対して各種制御を適用するのも可能となる． □

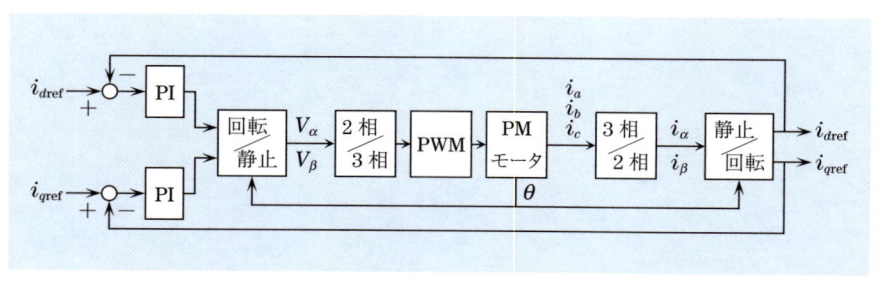

図6.4 PMモータの電流マイナーループの一例（PI制御）

6.2 PMモータの電流マイナーループ制御

例題 6.1

PMモータの電流マイナーループ制御器として I_{qref} および I_{dref} に追従するデッドビート制御器を設計せよ．

【解答】 式 (6.3) を変形すると，

$$\frac{d}{dt}\begin{bmatrix} i_d \\ i_q \end{bmatrix} = -\frac{1}{L_a}\begin{bmatrix} r & -\omega_r L_a \\ \omega_r L_a & r \end{bmatrix}\begin{bmatrix} i_d \\ i_q \end{bmatrix} + \begin{bmatrix} v_d \\ v_q - \omega_r \phi \end{bmatrix} \quad (6.4)$$

となる．この式において，入力電圧を v_d および $v_q'(= v_q - \omega_r \phi)$ と考え，さらに，1サンプル区間でこれらが一定であると仮定できると，離散時間モデル状態方程式の公式 (4.10) を適用すれば，次式が求まる．

$$\begin{bmatrix} i_d(k+1) \\ i_q(k+1) \end{bmatrix} = F\begin{bmatrix} i_d(k) \\ i_q(k) \end{bmatrix} + G\begin{bmatrix} v_d(k) \\ v_q'(k) \end{bmatrix} \quad (6.5)$$

ただし，

$$F = e^{AT}$$
$$G = \int_0^T e^{A(T-\tau)} B d\tau$$
$$A = -\frac{1}{L_a}\begin{bmatrix} r & -\omega_r L_a \\ \omega_r L_a & r \end{bmatrix}$$
$$B = \begin{bmatrix} 1 & 0 \\ 0 & 1 \end{bmatrix}$$

式 (6.5) において，1サンプル先の指令値 $i_{dref}(k+1)$ と $i_{qref}(k+1)$ が与えられると仮定すると，出力デッドビート則は，次式となる．

$$\begin{bmatrix} v_{dref}(k) \\ v_{qref}'(k) \end{bmatrix} = G^{-1}\left\{\begin{bmatrix} i_{dref}(k+1) \\ i_{qref}(k+1) \end{bmatrix} - F\begin{bmatrix} i_d(k) \\ i_q(k) \end{bmatrix}\right\} \quad (6.6)$$

具体的に v_{dref} および v_{qref}' を3相インバータで実現するには，静止座標/回転座標の変換を行い，さらに，2相 ($\alpha\beta$ 相) で電圧指令値を作り，さらに，2相/3相変換を行い，3相インバータの指令値を求める必要がある．線間電圧制御であれば，付録Bを参考にしてアルゴリズムは求まる．3相インバータの出力電圧の実現方法については，三角波比較や空間ベクトルを用いるなど各種手法が提案されている．∎

6.3 ステッピングモータの低速域での電流マイナループ制御

HB 型ステッピングモータは，PM モータを記述する静止座標系（$\alpha\beta$ 軸）での回路方程式で記述される．2 相の HB ステッピングモータであれば，次式が用いられる [51]．

$$\begin{bmatrix} V_\alpha \\ V_\beta \end{bmatrix} = \begin{bmatrix} r_a + pL_a & 0 \\ 0 & r_a + pL_a \end{bmatrix} \begin{bmatrix} i_\alpha \\ i_\beta \end{bmatrix} + \begin{bmatrix} e_\alpha \\ e_\beta \end{bmatrix} \quad (6.7)$$

ただし，

$$e_\alpha = -\omega_r \phi \sin\theta_r$$
$$e_\beta = \omega_r \phi \cos\theta_r$$

記号については，PM モータに準じるので付録 C を参照のこと．

ステッピングモータでは，通常は位置センサを用いない．低速域の電流マイナーループでは，オープンループ的に α，β 軸の電流指令値を与え，ヒステリシス制御器や PI 制御器を用いて V_α や V_β を制御することが多い．2 相励磁であれば，例えば，図 6.5 のように α，β 軸電流を指令値とする電流制御ループを構成する．オープンループ駆動のため，あまり急激に周波数を変化させると脱調する．

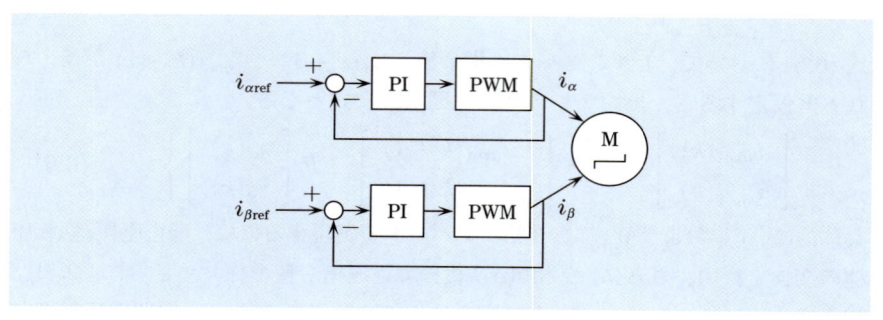

図 6.5 2 相ステッピングモータの電流マイナーループの一例

6.4 誘導機の電流マイナーループ制御

ベクトル制御された誘導機においては，1次側電流を制御することが前提となっていることが多い．静止座標系や回転座標系での各種トルク制御法が提案されているが，詳細は他書に譲ることにして，ここでは，電流制御の一構成法について，例題として述べる．

── 例題 6.2 ──

誘導電動機の1次電流指令値 i_{dsref} および i_{qsref} に電流がデッドビート応答するような電圧指令値 v_{ds} および v_{qs} を設計せよ．

【解答】 誘導電動機の静止座標系での回路方程式は次式となるので，これを出発点と考える（付録 C 参照）．

$$\begin{bmatrix} \boldsymbol{v}_s \\ \boldsymbol{0} \end{bmatrix} = \begin{bmatrix} (R_s + \sigma L_s p)I & \dfrac{L_m}{L_r} pI \\ -L_m \dfrac{R_r}{L_r} I & \left(\dfrac{R_r}{L_r} + p\right)I - \omega_r J \end{bmatrix} \begin{bmatrix} \boldsymbol{i}_s \\ \boldsymbol{\lambda}_r \end{bmatrix} \quad (6.8)$$

トルク

$$T_e = \frac{3P}{4} \frac{L_m}{L_r} (i_{qs} \lambda_{dr} - i_{ds} \lambda_{qr}) \quad (6.9)$$

ただし，

$$\boldsymbol{i}_s = [i_{ds}, \quad i_{qs}]^T, \quad \boldsymbol{\lambda}_r = [\lambda_{dr}, \quad \lambda_{qr}]^T, \quad \boldsymbol{v}_s = [v_{ds}, \quad v_{qs}]^T$$

$$p = \frac{d}{dt}$$

$$I = \begin{bmatrix} 1 & 0 \\ 0 & 1 \end{bmatrix}, \quad J = \begin{bmatrix} 0 & -1 \\ 1 & 0 \end{bmatrix}$$

$$\sigma = 1 - L_m^2 / L_s L_r$$

L_m, L_s, L_r は励磁インダクタンスおよび1次側，2次側の自己インダクタンス，R_s, R_r は1次側，2次側の巻線抵抗，i_{ds}, i_{qs}, λ_{dr}, λ_{qr}, v_{ds}, v_{qs} はそれぞれ，1次側の dq 軸電流，2次側の dq 軸磁束，1次側 dq 軸電圧（この値だけがインバータで直接制御できる），P は極対数で，p は微分演算子．

さらに，式 (6.8) を状態方程式に変形すると，

$$\frac{d}{dt}\begin{bmatrix} \boldsymbol{i}_\mathrm{s} \\ \boldsymbol{\lambda}_\mathrm{r} \end{bmatrix} = A \begin{bmatrix} \boldsymbol{i}_\mathrm{s} \\ \boldsymbol{\lambda}_\mathrm{r} \end{bmatrix} + B\boldsymbol{v}_\mathrm{s} \tag{6.10}$$

となるが，係数は次式で定義される．

$$A = \begin{bmatrix} A_{11} & A_{12} \\ A_{21} & A_{22} \end{bmatrix}$$

$$B = \begin{bmatrix} B_1 \\ 0 \end{bmatrix}$$

$$A_{11} = -\left(\frac{R_\mathrm{s}}{\sigma L_\mathrm{s}} + R_\mathrm{r}\frac{1-\sigma}{\sigma L_\mathrm{r}}\right) I$$

$$A_{12} = -\frac{L_\mathrm{m}}{\sigma L_\mathrm{s} L_\mathrm{r}}\left(-\frac{R_\mathrm{r}}{L_\mathrm{r}}I + \omega_\mathrm{r} J\right)$$

$$A_{21} = L_\mathrm{m}\frac{R_\mathrm{r}}{L_\mathrm{r}}I$$

$$A_{22} = -\frac{R_\mathrm{r}}{L_\mathrm{r}}I + \omega_\mathrm{r} J$$

$$B_1 = \frac{1}{\sigma L_\mathrm{s}}I$$

離散時間モデル状態方程式の公式 (4.10) に従うと，式 (6.10) は次式に変形できる．

$$\begin{bmatrix} \boldsymbol{i}_\mathrm{s}(k+1) \\ \boldsymbol{\lambda}_\mathrm{r}(k+1) \end{bmatrix} = F \begin{bmatrix} \boldsymbol{i}_\mathrm{s}(k) \\ \boldsymbol{\lambda}_\mathrm{r}(k) \end{bmatrix} + G\varDelta\boldsymbol{T}(k) \tag{6.11}$$

ただし，

$$F = e^{AT}$$

$$G = e^{AT/2}BE$$

$$\varDelta\boldsymbol{T}(k) = [\varDelta T_d(k), \quad \varDelta T_q(k)]^T$$

$\boldsymbol{v}_\mathrm{s}$ は，幅が $\varDelta T_d(k)$ および $\varDelta T_q(k)$ で，高さが E のパルス電圧波形を仮定する．式 (6.11) を用いれば，各種電流制御が可能となる．一例として，ベクトル制御によって生成された 1 次電流指令値 $i_{q\mathrm{ref}}$ および $i_{d\mathrm{ref}}$ に従うようにデッド

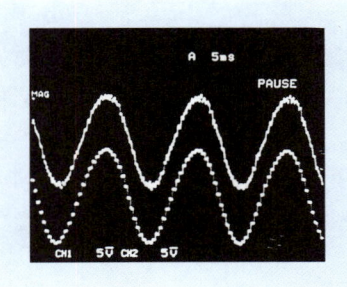

6.4 誘導機の電流マイナーループ制御　　　　　85

図 6.6 誘導機のデッドビート電流制御の例（d 軸 1 次側電流）
　　　　上：実波形，下：指令値 [41]

ビート制御された電流波形を，図 6.6 に示す．この例では，サンプリング周波数 1.8 kHz，3 相インバータの実質的なスイッチング周波数は 1.2 kHz となる．なお，2 相から 3 相の線間電圧への変換およびパルスパターンの生成に関しては付録 B を参照のこと．ただし，式 (6.10) の A の要素には回転数 ω_r を含んでいるので式 (6.11) の係数は回転数ごとにテーブルとして用意する必要がある．

6.5 トルク制御およびモーションコントロールなどの概要

モータの電流制御が正確に行われていれば，モータトルクはその電流値から求まるので，モータトルクが正確に制御できる．DC モータであれば電機子電流，円筒型の PM モータであれば q 軸電流，凸極型 PM モータであれば d 軸および q 軸電流，ベクトル制御されている誘導電動機であればトルク指令値電流などである．

以下では，モータトルクが自由に制御できるという仮定が成立する場合について，各種モーションコントロール（例えば，電気自動車駆動，電車駆動，ロボットアーム駆動など）について概説する．ここは個別のアプリケーションとパワーエレクトロニクスの中間に位置する分野である．モーションコントロールの詳細については，例えば文献 [54] を薦める．ここでは，ロバスト制御について簡単に触れることにする．ただし，注意してほしいのは，モーションコントロールの性能を限界まで高めようとすると，ここまで述べてきた電流制御ループや電圧制御ループでの周波数特性が一番効いてくるという点である．

ロバストなモーションコントロールの基本的な考え方としては，
(1) パラメータを正確に同定して適応制御を目指す
(2) あいまいさを残してこれを抑圧する
に大別できる．(1) の代表例は，セルフチューニングコントロール（STC）やモデル規範型適応制御（MRAC）などであり，(2) の代表例としては，$H\infty$ 制御やスライディングモード制御，外乱オブザーバなどがあげられる．以下では，スライディングモードと外乱オブザーバに関して例題という形で触れたい．

6.5.1 スライディングモード制御の DC モータ位置サーボへの応用

スライディングモード制御は，可変構造制御システム（VSS, Variable Structure System）の一形態として捕らえることができるので，まず，例題として可変構造について述べる．

例題 6.3

2次系(状態変数 x_1, x_2)の位相面において,次の可変構造システム

$$\frac{dx_1}{dt} = x_2$$
$$\frac{dx_2}{dx} = \begin{cases} -\omega^2 x_1 & (x_1(cx_1 + x_2) > 0 \text{ のとき}) \\ \lambda^2 x_1 & (x_1(cx_1 + x_2) < 0 \text{ のとき}) \end{cases} \quad (6.12)$$

ただし,$0 < c < \lambda$

の軌跡を調べよ.ただし,初期値は,$x_1(0) = x_0$, $x_2(0) = 0$ と仮定する.

【解答】 ケース 1:$x_1(cx_1 + x_2) > 0$ の場合

$$\frac{dx_2}{dt} = -\omega^2 x_1$$

を解くと,x_1 の一般解は

$$x_1(t) = A\cos\omega t + B\sin\omega t$$

で,x_2 はその微分である.

初期値を代入して,係数の A と B を求めると,解は次式となる.

$$x_1 = x_0 \cos\omega t$$
$$x_2 = -\omega x_0 \sin\omega t$$

一般的な初期値から出発する軌跡を図 6.7(a) に示した.

ケース 2:$x_1(cx_1 + x_2) < 0$ の場合

同様にして,解として

$$x_1 = \frac{1}{2}x_0(e^{\lambda t} - e^{-\lambda t})$$
$$x_2 = \frac{\lambda}{2}x_0(e^{\lambda t} + e^{-\lambda t})$$

を得る.一般的な初期値から出発する軌跡を図 6.7(b) に示した.

ケース 3:$x_1(cx_1 + x_2) \cong 0$ 近傍の場合

$cx_1 + x_2 = 0$ の線上では,上記の2つのケース軌跡がぶつかるので,結果として,(x_1, x_2) の軌跡は $cx_1 + x_2 = 0$ の線上に拘束される.この軌跡を図 6.7(c) に示した.この状態を**スライディングモード**と呼び,この線上では,$x_2 = dx_1/dt$

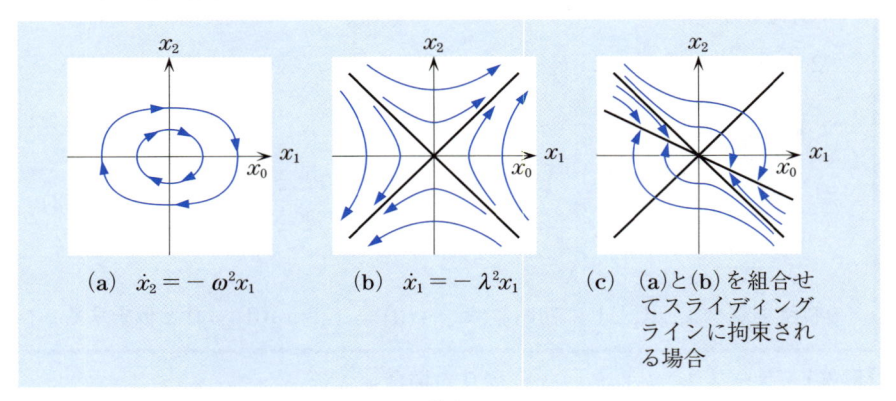

図 6.7 位相面軌跡

(a) $\dot{x}_2 = -\omega^2 x_1$
(b) $\dot{x}_1 = -\lambda^2 x_1$
(c) (a)と(b)を組合せてスライディングラインに拘束される場合

に注意すると,

$$\frac{d}{dt}x_1 = -cx_1 \tag{6.13}$$

が成立し,その解は,$x_1(t) = x(0)e^{-ct}$ となる.つまり,もともと2次系であったシステムが,スライディングラインに拘束されたために,1次系に次数が下がり,その結果,スライディングモードが継続可能であれば,パラメータ変動や外乱に対しても不感なシステム(式(6.13))に従って振舞うことになる.■

ここで,重要なことは,スライディングモードの存在条件である.スライディングラインを

$$s \equiv cx_1 + x_2 \tag{6.14}$$

で定義すると,スライディングモードの存在条件は,

$$s\frac{ds}{dt} < 0 \tag{6.15}$$

で,与えられる.リアプノフの安定判別を用いて,リアプノフ関数を $\frac{1}{2}s^2$ に選べば,これが導ける.さらに,スライディングラインへの到達条件があるが,ここでは説明は省く.

6.5 トルク制御およびモーションコントロールなどの概要

例題 6.4

DC サーボモータにスライディングモード制御を応用して位置サーボの制御則を導け．

【解答】 図 6.8 のような DC サーボモータのモデル化を仮定する．モータのインダクタンスは無視してある．図中の記号は以下の通りである．

K_G はギア比，K_T はトルク定数，K_E は誘起電圧定数，R_a はモータの巻き抵抗，ϕ はパワーアンプのゲイン，θ_{ref} は位置指令値，θ は位置，n は回転数である．状態変数として，位置の誤差 $(\theta_{\text{ref}} - \theta)$ を x_1 と定義すると，簡単な計算の後に，次式の状態方程式を得る．

$$\frac{d}{dt}\begin{bmatrix} x_1 \\ x_2 \end{bmatrix} = \begin{bmatrix} 0 & 1 \\ 0 & -b \end{bmatrix}\begin{bmatrix} x_1 \\ x_2 \end{bmatrix} + \begin{bmatrix} 0 \\ -a\phi \end{bmatrix}u + \begin{bmatrix} 0 \\ 1 \end{bmatrix}f \quad (6.16)$$

ただし，

$$a \equiv \frac{K_G K_T}{J R_a}$$

$$b = \frac{D R_a + K_E K_T}{R_a J}$$

$$f = \frac{K_G}{J} F$$

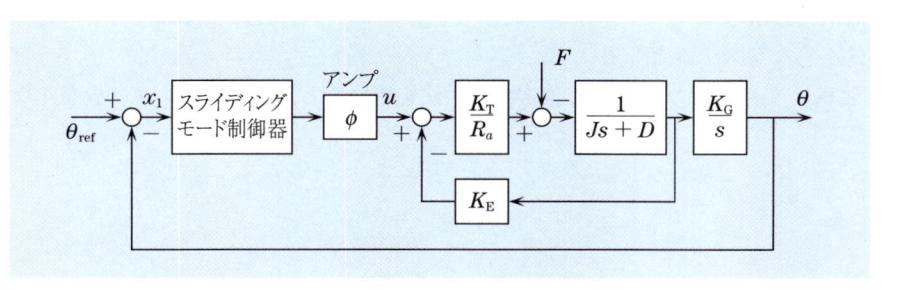

図 6.8 DC モータでの位置サーボのモデル化

スライディングモード制御則は，以下のようになる．

$$u = \begin{cases} \alpha x_1 & (x_1(cx_1 + x_2) > 0 \text{ のとき}) \\ \beta x_1 & (x_1(cx_1 + x_2) < 0 \text{ のとき}) \end{cases} \quad (6.17)$$

を仮定する．式 (6.15) のスライディングモード制御の存在条件より，次式が導かれる．

$$\begin{aligned}\alpha &> \frac{c(b-c)}{a\phi} \quad (x_1(cx_1+x_2) \geq 0 \text{ のとき}) \\ \beta &< \frac{c(b-c)}{a\phi} \quad (x_1(cx_1+x_2) < 0 \text{ のとき})\end{aligned} \quad (6.18)$$

外乱 f が 0 でない場合は，図 6.7(c) で (x_1, x_2) が原点に収束するためには，ディザー信号と呼ばれる次式の第 2 項 k_f が必要となるので，結局，制御則は，

$$u = \begin{cases} \alpha x_1 + k_f \mathrm{sgn}(s) & (x_1(cx_1+x_2) \geq 0 \text{ のとき}) \\ \beta x_1 + k_f \mathrm{sgn}(s) & (x_1(cx_1+x_2) < 0 \text{ のとき}) \end{cases} \quad (6.19)$$

となる．$\mathrm{sgn}(s)$ は s が正のときは 1，負のときは -1 となる関数．k_f の選び方としては，外乱 f を打ち消すほど大きい必要がある．そうしないと位相面上で原点に収束しない．つまり，式 (6.16) の第 2 項において，原点近傍で外乱よりも k_f のディザー信号の項が大きくなる条件より，

$$k_f \geq f/a\phi \quad (6.20)$$

が求まる．このとき，スライディングラインに拘束されると，原点に収束してロバストな系が実現できる．このときの様子を図示すると，図 6.9 のようになる．入力信号 u はチャタリングを示すが，パラメータ変動や外乱に対して完全に不感なシステムとなる．　　　　　　　　　　　　　　　　　　　　　■

注意 外乱をオブザーバで推定する手法を用いると．チャタリングは少なくなる[47]．　　　　　　　　　　　　　　　　　　　　　　　　　　　　　□

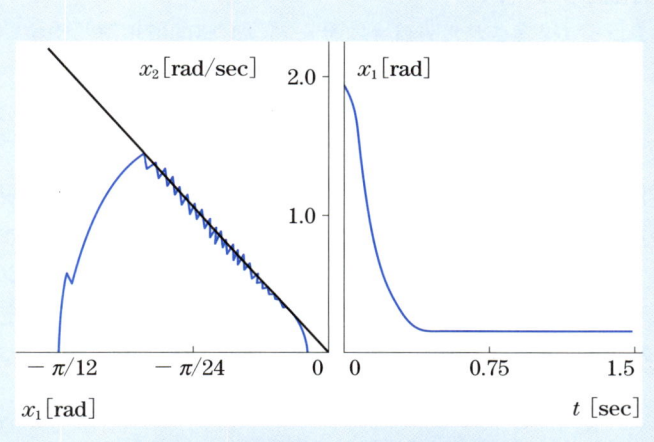

6.5 トルク制御およびモーションコントロールなどの概要　　91

(a) k_f に十分な値を設定しない場合（約 10 %）

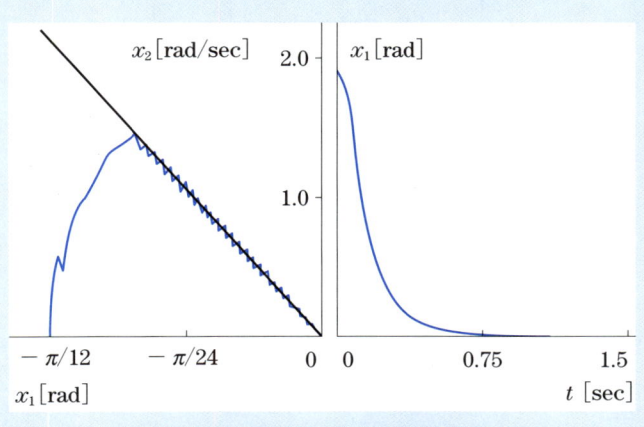

(b) k_f に十分な値を設定し外乱を補償した場合

図 6.9　位相面軌跡（実験）[45]

6.5.2 外乱オブザーバ

大西らによって提案された外乱オブザーバは直感的で理解しやすいので広く普及している[52],[53]．ここでは，6.1～6.4 節で述べた電流制御ループが十分働いており，図 6.3 のようにトルクが直接制御できる状態を想定し，その外乱（図 6.3 では T_d）を推定することを考える．

まず，外乱推定に関しては，理解しやすいように，図 6.10 に原理説明図を示した．記号 J, B はモータのイナーシャおよび粘性摩係数である．トルク入力が T_e で，出力は回転数 ω，外乱は T_d で定義してある．プラントの逆システムを演算し，入力との差をローパスフィルタに通して外乱成分 T_d を推定する．このフィルタのカットオフ周波数（図では ω_c）以下の外乱を推定する．

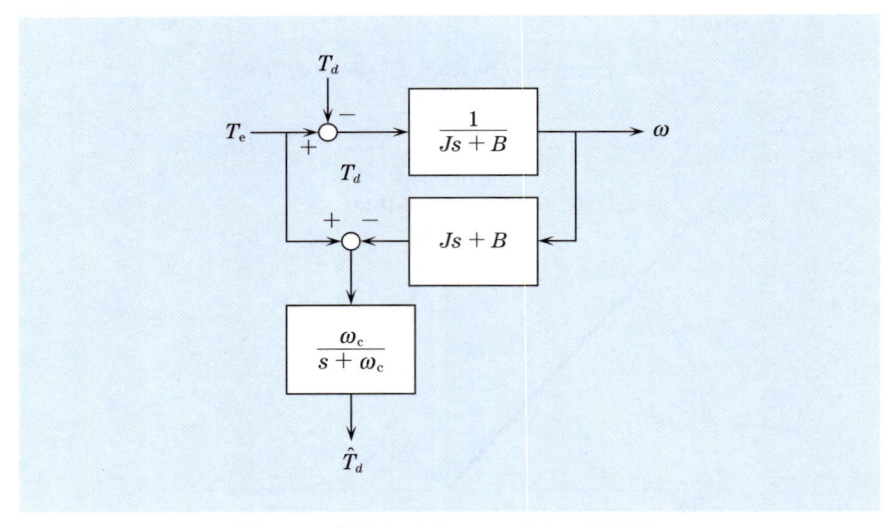

図 6.10 外乱オブザーバの基本の説明図

次に，外乱補償の観点からは，推定した外乱を打ち消すために，図 6.11 に示したように，電流制御ループのパラメータ変動なども含めてフィードフォワードで外乱を補償するような制御系を用いることが多い．同図ではプラント部は 1 次遅れ系で表現したが，一般のプラントでも議論できる．完全微分を回避するような工夫が必要ではあるが，ω_c 以下の周波数の外乱成分やパラメータ変動を抑圧するロバスト制御系が実現できる．記号のサフィックスの n はノミナル

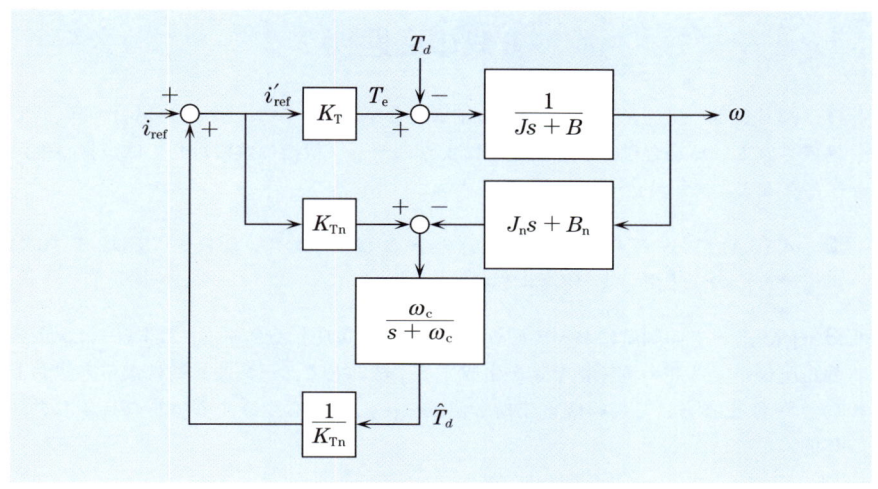

図 6.11 外乱オブザーバの外乱補償のブロック図

値を示しており，実パラメータはわからないと仮定してある．外乱オブザーバによる外乱推定法は，4.3.4 で述べたようにステップ状外乱を仮定して状態方程式をつくり，ゴピナスの方法で最小次元オブザーバを設計したものと一致する．もっと一般的に 2 自由度制御に基づく設計法も可能で，文献 [54] に詳しい．

6.5.3 その他の話題

ここまでは，モーションコントロールに必要な速度や位置の情報は測定できると仮定して話を進めてきたが，実際上の要求としては，それらの測定のためのセンサを省いて計算により推定しようという，いわゆる，センサレス制御の研究も盛んである．例えば，誘導機で速度センサを用いないで速度推定を行うもの，あるいは PM モータで位置センサを省いて速度制御を行うもの，あるいは整流器で交流電流を推定するなどである．他書を参考にされたい．

6章の問題

1 図 6.2 のパワーアンプ A_i が PI 制御器とパワーアンプ（ゲイン A_0）の直列で構成されている場合は，最終値定理によりステップ状指令値に対しては定常誤差が 0 となることを示せ．

2 式 (6.4) において具体的に式 (6.5) の F と G を求めよ．変数としては，式 (6.4) のものをそのまま用いよ（8.2.3 を参照）．

3 PM モータの制御において回転座標 dq 軸の電圧指令値 v_{dref} および v_{qref} から静止座標系で 3 相の電圧指令値を生成する手法として，三角波比較による方法および付録 B を参考にして線間電圧指令値 v_{ab}, v_{bc}, v_{ca} を生成するアルゴリズムを具体的に示せ．

4 例題 6.2 において式 (6.11) を用いて具体的に 1 次電流をデッドビート制御するためのアルゴリズムを説明せよ．また，そのときの 3 相インバータの線間電圧を決めるアルゴリズムを，付録 B を参考にして述べよ．

5 式 (6.15) を用いて式 (6.18) を具体的に導出せよ．

6 式 (6.19) において，ディザー信号 k_f が 0 で，外乱 f が 0 でないとき，$x_1(t = \infty)$ の値を求めよ．

7 図 6.11 において，指令値 i_{aref} から出力 ω までの伝達関数および，外乱 T_d から出力 ω までの伝達関数を求めよ．また，ノミナル値が真値と完全に等しい場合のこの 2 つの伝達関数を求めよ．

8 図 6.11 において，入力を i'_{aref} および回転数を ω とし，出力を外乱推定値 $\hat{T}_d$ とする伝達関数を求めよ．さらに，双 1 次変換 (付録 B 参照) を用いて，具体的に離散時間系で外乱推定値 $\hat{T}_d(k)$ を求める推定式を求めよ．

7 DC–DCスイッチングレギュレータの解析手法

　本章では，DC–DC スイッチングレギュレータを理論解析する代表的な手法である状態空間平均化法について述べる．スイッチング周波数が十分高ければ，そのスイッチングの間の現象を平均値として扱おうという手法で，動作の解析や，制御系の設計には非常に便利である．共振現象などが起きて現象が複雑になっても，近似モデルが成立すれば，数式として解析解が求まる．

> **7 章で学ぶ概念・キーワード**
> - 状態空間平均化法，デューティ比，ブーストコンバータ
> - DC–DC コンバータ

7.1 はじめに

直流を他の直流電圧へ変換する回路には，いろいろな種類が存在して，用途により使い分けられている．

直流電圧源を異なる電圧へ変換する回路は DC チョッパまたは DC–DC スイッチングレギュレータの名称で呼ばれる．DC チョッパまたは DC–DC コンバータと呼ばれる回路は，モータ負荷などの電源用として使用されることが多い．一方，コンピュータや通信用の電子回路負荷に対してはスイッチングレギュレータと呼ばれる回路が用いられる．いずれもエネルギー変換の高効率化，小型軽量化が最終目的であるが，DC チョッパとスイッチングレギュレータの一般的な違いは

(1) スイッチ周波数はスイッチングレギュレータのほうが高い（約 100 kHz 以上）
(2) 出力の容量は DC チョッパのほうが大きい
(3) DC チョッパのほうは，回生などの機能が重視されることが多い

などである．

この節では，各種 DC–DC スイッチングレギュレータの原理について述べる．

図 7.1 は，降圧形レギュレータの代表的な回路例である．スイッチ S_1 のオン/オフの比つまりデューティ比 d を式 (7.1) で定義する．

$$d = \frac{T_{\text{on}}}{T_{\text{on}} + T_{\text{off}}} \tag{7.1}$$

ただし，T_{on} はスイッチがオンしている時間，T_{off} はスイッチがオフしている時間である．

理想的な回路を仮定でき，かつ定常状態の場合，スイッチ S が閉じている時間にインダクタ L に注入されるエネルギーと，スイッチ S が開いている時間にインダクタ L から放出されるエネルギーが等しいと仮定できるので，次式が成立する．

$$(E - V_0)IT_{\text{on}} = V_0 I T_{\text{off}} \tag{7.2}$$

ただし，E は電源の直流電圧，V_0 は出力の平均電圧，I はインダクタの電流で

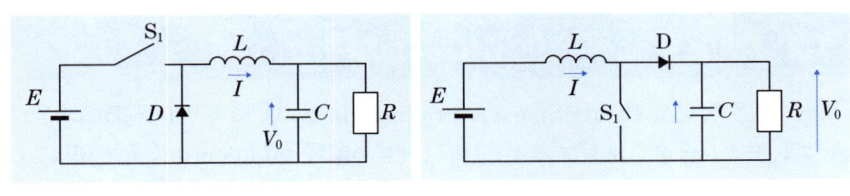

図 7.1　降圧形レギュレータ　　　　図 7.2　昇圧形レギュレータ

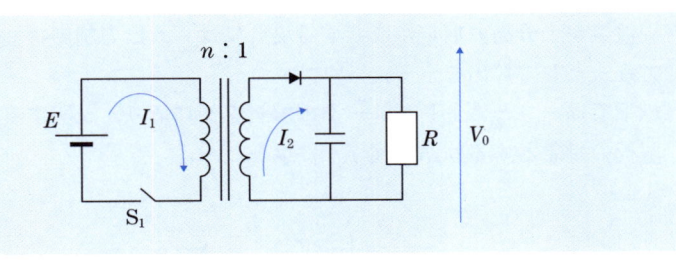

図 7.3　昇降圧形レギュレータ

一定と仮定する．
　これを解くと，

$$V_0 = dE \tag{7.3}$$

となる．つまり，平均出力電圧は，デューティ比 d に比例する．

　図 7.2 は，昇圧形レギュレータの代表的な回路であり，上記と同様に，インダクタ L に注入されるエネルギーと，放出されるエネルギーが等しいと仮定することにより，平均出力電圧 V_0 は次式で求まる．

$$V_0 = \frac{E}{1-d} \tag{7.4}$$

　図 7.3 は，昇降圧形レギュレータの代表的な回路で $n:1$ の絶縁トランスを介しているものである．このトランスの励磁インダクタンスに注入されるエネルギーと放出されるエネルギーが等しいと仮定できる理想定常状態では，平均出力電圧は，次式となる．

$$V_0 = \frac{1}{n}\frac{d}{1-d}E \tag{7.5}$$

7.2 状態空間平均化法による解析例

状態空間平均化法（State Space Averaging Method）により DC–DC スイッチングレギュレータを解析する手法は，1980 年前後 Middlebrook と Cuk により確立されたもので，高周波スイッチング周波数を有する場合に小信号特性解析や制御設計において有効である．出力フィルタの時定数に比べてスイッチング周波数が十分高い仮定が成立する場合には，入出力制御特性が平均された状態方程式として算出できる．

以下では，ブーストレギュレータの解析を例に取り，説明する．

解析の対象とする回路を図 7.4 に示した．

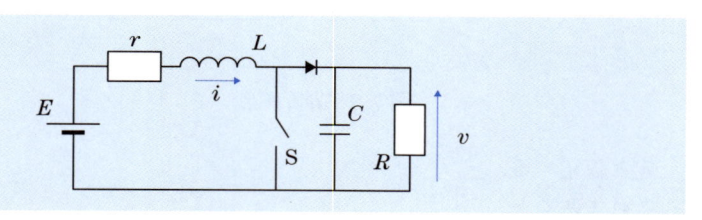

図 7.4 L に巻線抵抗を考慮したブーストレギュレータの回路

図 7.2 の理想回路との違いは，インダクタンス L に巻線抵抗 r を仮定した点である．解析結果の違いは，後で明らかになる．

変数としてはインダクタの電流を i，出力電圧を v と定義し，ほかの変数は図中に示してあるものを用いる．

スイッチ S がオンしているときは，図 7.5 (a) のような回路となるので，KVL（キルヒホッフの電圧則）により次の 2 式が成立する．

$$L\frac{di}{dt} + ri = E \tag{7.6}$$

$$CR\frac{dv}{dt} + v = 0 \tag{7.7}$$

状態変数を i と v に選び，式 (7.6)，(7.7) を整理すると，次式の状態方程式を得る．

$$\dot{\boldsymbol{x}}_1 = A_1 \boldsymbol{x}_1 + \boldsymbol{b}_1 E \tag{7.8}$$

7.2 状態空間平均化法による解析例

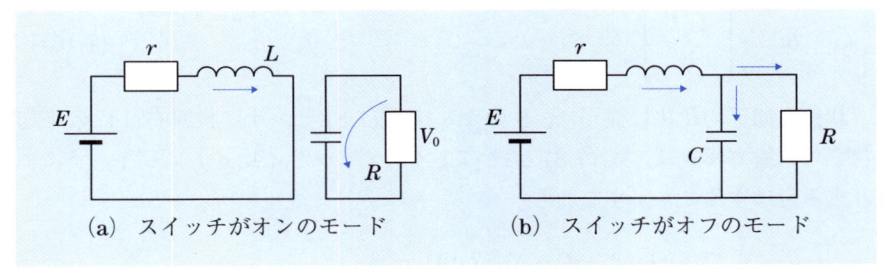

図 7.5 スイッチがオンとオフの状態の回路

ただし,

$$\boldsymbol{x}_1 \equiv \begin{bmatrix} i \\ v \end{bmatrix} \tag{7.9}$$

$$A_1 \equiv \begin{bmatrix} -r/L & 0 \\ 0 & -1/CR \end{bmatrix} \tag{7.10}$$

$$\boldsymbol{b}_1 \equiv \begin{bmatrix} 1/L \\ 0 \end{bmatrix} \tag{7.11}$$

スイッチSがオフしているときは,図 7.5(b) のような回路になるので,KVL により,次の2式が成立する.

$$L\frac{di}{dt} + ri = E - v \tag{7.12}$$

$$C\frac{dv}{dt} + \frac{v}{R} = i \tag{7.13}$$

これを整理すると,次式の状態方程式を得る.

$$\dot{\boldsymbol{x}}_2 = A_2 \boldsymbol{x}_2 + \boldsymbol{b}_2 E \tag{7.14}$$

ただし,

$$\boldsymbol{x}_2 = \begin{bmatrix} i \\ v \end{bmatrix}$$

$$A_2 = \begin{bmatrix} -r/L & -1/L \\ 1/C & -1/RC \end{bmatrix} \tag{7.15}$$

$$\boldsymbol{b}_2 = \begin{bmatrix} 1/L \\ 0 \end{bmatrix} \tag{7.16}$$

状態空間平均化法に従えば，S のオン状態 (7.8) と，オフ状態 (7.14) の平均状態の状態方程式は，式 (7.8) と式 (7.14) をデューティ比 d および $1-d$ により重み付けすること，すなわち

$$d \times 式(7.8) + (1-d) \times 式(7.14)$$

により求まる．つまり，

$$\dot{\boldsymbol{x}} = A\boldsymbol{x} + \boldsymbol{b}E \tag{7.17}$$

ただし，$\boldsymbol{x}$ は，スイッチがオン/オフする期間内の平均化された状態変数で，

$$\boldsymbol{x} \equiv d\boldsymbol{x}_1 + (1-d)\boldsymbol{x}_2 \tag{7.18}$$
$$A \equiv dA_1 + (1-d)A_2 \tag{7.19}$$
$$\boldsymbol{b} \equiv d\boldsymbol{b}_1 + (1-d)\boldsymbol{b}_2 \tag{7.20}$$

この平均化の近似は，$e^{A_1 t + A_2 t} \approx I + (A_1 + A_2)t$ のように，指数関数を最初の 2 項での近似したものとほぼ等価と考えてよい [1]．

式 (7.10), (7.11), (7.15), (7.16) を式 (7.19), (7.20) へ代入すると，具体的な値として次式が求まる．

$$A = \begin{bmatrix} -r/L & -d'/L \\ d'/C & -1/RC \end{bmatrix} \tag{7.21}$$

$$\boldsymbol{b} = \begin{bmatrix} 1/L \\ 0 \end{bmatrix} \tag{7.22}$$

$$d' \equiv 1 - d \tag{7.23}$$

式 (7.18), (8.19), (8.20) を用いて行う解析には，定常状態解析などがある．

各変数を定常値 D とその値からの微小変動分 d_p に分け，次式で定義する．

$$d \equiv D + d_p \tag{7.24}$$
$$\boldsymbol{x} \equiv \boldsymbol{x}_D + \boldsymbol{x}_p \tag{7.25}$$

7.2 状態空間平均化法による解析例

つまり

$$i = I_D + i_p \tag{7.26}$$

$$v = V_D + v_p \tag{7.27}$$

これらを式 (7.17) に代入すると

$$\dot{\boldsymbol{x}}_D + \dot{\boldsymbol{x}}_p = A(\boldsymbol{x}_D + \boldsymbol{x}_p) + bE \tag{7.28}$$

定常状態解析では，変動分や定常値の微分は 0 であると仮定するので，

$$0 = A_D \boldsymbol{x}_D + bE \tag{7.29}$$

ただし

$$A_D = \begin{bmatrix} -r/L & -D'/L \\ D'/L & -1/RC \end{bmatrix} \tag{7.30}$$

$$D' = 1 - D \tag{7.31}$$

となり，これら $\boldsymbol{x}_D$ について解くと，

$$\boldsymbol{x}_D = \begin{bmatrix} I_D \\ V_D \end{bmatrix} = \frac{E}{1 + \dfrac{r}{R} + \dfrac{1}{D'^2}} \begin{bmatrix} 1/RD'^2 \\ 1/D' \end{bmatrix} \tag{7.32}$$

例えば，平均出力電圧 V_D だけ書き表すと，次式になる．

$$V_D = \frac{E/D'}{1 + \dfrac{r}{R} + \dfrac{1}{D'^2}} \tag{7.33}$$

この式と理想的なブーストレギュレータの平均値 (7.4) を比べると，式 (7.33) の分母の項が異なっている．

具体的に $R = 0.5\,(\Omega)$，$r = 0.1\,(\Omega)$ として D を変化させると V_D/E は図 7.6 のようなグラフとなる．

別の例としては，出力インピーダンスは次式で求まる．

$$Z_0 = -\frac{\dfrac{\partial V_D}{\partial R}}{\dfrac{\partial (V_D/R)}{\partial R}} = \frac{r}{D'^2} \tag{7.34}$$

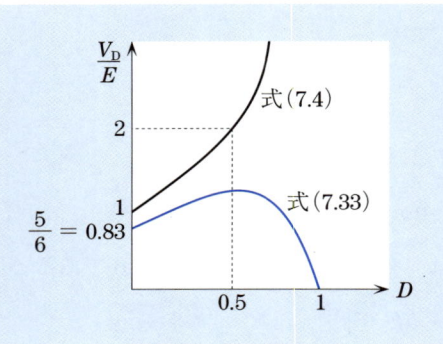

図 7.6 ブーストレギュレータの平均電圧とデューティ比 D の関係

一方，微小変動解析を行うには，式 (7.18) において A が $d'_p(=1-d_p)$ の関数であることに注意して，これを展開する必要がある．

具体例として式 (7.22)，(7.24)，(7.25) に注意して式 (7.17) を計算すると次式になる．

$$\frac{d}{dt}\begin{bmatrix} I_D+i_p \\ V_D+v_p \end{bmatrix} = \begin{bmatrix} -r/L & -D'+d'_p/L \\ D'+d'_p/C & -1/RC \end{bmatrix}\begin{bmatrix} I_D+i_p \\ V_D+v_p \end{bmatrix} + \begin{bmatrix} 1/L \\ 0 \end{bmatrix}E \quad (7.35)$$

さらに変形すると

$$\frac{d}{dt}\begin{bmatrix} i_p \\ v_p \end{bmatrix} = \begin{bmatrix} -r/L & -D'/L \\ D'/C & -1/RC \end{bmatrix}\begin{bmatrix} I_D \\ V_D \end{bmatrix}$$
$$+ \begin{bmatrix} -r/L & -D'/L \\ D'/C & -1/RC \end{bmatrix}\begin{bmatrix} i_p \\ v_p \end{bmatrix}$$
$$+ \begin{bmatrix} 0 & -d'_p/L \\ d'_p/C & 0 \end{bmatrix}\begin{bmatrix} I_D \\ V_D \end{bmatrix}$$
$$+ \begin{bmatrix} 0 & -d'_p/L \\ d'_p/C & 0 \end{bmatrix}\begin{bmatrix} i_p \\ v_p \end{bmatrix} + \begin{bmatrix} 1/L \\ 0 \end{bmatrix}E \quad (7.36)$$

右辺の第 1 項と第 5 項の合計は式 (7.29) より 0 となる．また右辺の第 4 項は

7.2 状態空間平均化法による解析例

微小変動項の積のため，0 と近似する．

結局，2 項と 3 項が残るので，さらに変形すると

$$\frac{d}{dt}\begin{bmatrix} i_p \\ v_p \end{bmatrix} = \begin{bmatrix} -r/L & -D'/L \\ D'/C & -1/RC \end{bmatrix}\begin{bmatrix} i_p \\ v_p \end{bmatrix} + \begin{bmatrix} -V_D/L \\ I_D/C \end{bmatrix} d'_p \tag{7.37}$$

となり，微小変動に対する状態方程式が導けた．

例えば，出力電圧をデューティ比 d' の比例制御により行う場合は

$$d'_p = k(V_{p\text{ref}} - v_p) \tag{7.38}$$

とおいて式 (7.37) に代入して計算すると

$$\begin{aligned}\frac{d}{dt}\begin{bmatrix} i_p \\ v_p \end{bmatrix} &= \begin{bmatrix} -r/L & -D'/L + kV_D/L \\ D'/C & -1/RC - kI_D/C \end{bmatrix}\begin{bmatrix} i_p \\ v_p \end{bmatrix} \\ &\quad + \begin{bmatrix} -V_D/L \\ I_D/C \end{bmatrix} kV_{p\text{ref}} \end{aligned} \tag{7.39}$$

となる．

ゲイン k を調整して式 (7.38) の特性根を設計できるので，安定性の解析などが行える．

7章の問題

☐ **1** 式 (7.4) および式 (7.5) を証明せよ．

☐ **2** 式 (7.37) において，d'_p から v_p までの伝達関数を求めよ．

▣ パワーエレクトロニクス学会の歩み

　パワーエレクトロニクスに関する国際会議で歴史が最も長いものは，PESC (Power Electronics Specialist Conference) と思われる．1970 年に Power Conditioning Specialist Conference として IEEE Aerospace and Electronics System Society の主催で始まったが，1973 年から PESC (Power Electronics Specialist Conference) と名称が変わり，1988 年から IEEE Power Electronics Society が主催になった．日本では，1983 年に IPEC (International Power Electronics Conference) が電気学会主催でスタートし，ヨーロッパでは，1985 年から EPE (European Conference on Power Electronics and Application) が始まった．韓国でも ICPE (International Conference on Power Electronics) が 1989 年に始まり，さらに，1993 年には PCC (Power Conversion Conference) が IEEE と電気学会の両方に存在する IAS (Industry Applications Society) の共催で始まった．この頃から，パワーエレクトロニクスに関する国際会議が増えて，パワエレの名称が認知されるようになってきた．著者が初めて参加した 1981 年の PESC では，発表件数が 45 件程度，参加者も 100 名程度のような記憶がある．今の PESC では数百 (400〜800) 件程度の発表論文がある．

8 パワーエレクトロニクスのためのディジタル再設計

　本章では，パワーエレクトロニクスの制御のために必要なディジタル再設計に焦点を絞って解説する．ここまでの各章で述べた制御手法を実現するには，アナログ手法を用いるかディジタル手法を用いるかの選択肢がある．現代のディジタル機器の進展により，信頼性，フレキシビリティ，付加価値などの面ではディジタル化はますます浸透すると思われる．従来は現場サイドで適当に処理されてきた部分の 1 つに，ディジタル再設計と呼ばれ，従来からアナログ系 (s 平面) で設計された制御則をディジタル機器 (z 平面) でどうやって実時間で実現するかという問題がある．

　本章では，ラプラス変換，z 変換を復習した後，後退差分による変換，双 1 次変換（Tustin 変換）および，精密にサンプラーと零次ホールドをモデル化した離散時間モデル（精密なサンプルドデータモデル）を述べて，そのモデル化の精度を例題で比較する．さらに，これらでは実現できなかった完全なディジタル再設計を実現する手法として，マルチレートサンプリングによる手法を述べ，その根拠を概説する．

> **8 章で学ぶ概念・キーワード**
> - ラプラス変換，z 変換
> - 後退差分，双 1 次変換（Tustin 変換），サンプルドデータモデル
> - マルチレートサンプリング

8.1 ラプラス変換および z 変換の公式

まず,ラプラス変換と z 変換を復習する.

定義

区間 $[0, \infty]$ で定義された断片連続な時間関数 $f(t)$ に対して,ある実数 σ_0 が存在し,

$$\int_0^\infty |f(t)| \exp(-\sigma t) dt < \infty$$

が成り立つとき(ただし,$\sigma > \sigma_0$),$f(t)$ のラプラス変換 $F(s)$ は次式で定義される.

$$F(s) = \int_0^\infty f(t) \exp(-st) dt \tag{8.1}$$

また,$f(t)$ に対する z 変換 $F(z)$(サンプル後の信号に対するラプラス変換 $F^*(s)$)は,以下で定義される.

$$F^*(s) = \sum_{k=0}^\infty f(kT) e^{-ksT}$$

ただし,T はサンプリング周期.$e^{sT} = z$ と置き換えて,これを変形すると,z 変換された関数 $F(z)$ は次式となる.

$$F(z) = \sum_{k=0}^\infty f(kT) z^{-k} \tag{8.2}$$

ラプラス変換の便利な点は,微分と積分などに関する以下の性質である.ただし,ラプラス変換を

$$\mathcal{L}[f(t)] = F(s)$$

と定義する.

8.1 ラプラス変換および z 変換の公式

$$\mathcal{L}\left[\frac{df(t)}{dt}\right] = sF(s) - f(0) \tag{8.3}$$

$$\mathcal{L}\left[\int_0^t f(t)\right] = \frac{1}{s}\mathcal{L}[f(t)] \tag{8.4}$$

また，z 変換の便利な点は，差分に関する以下の性質 (8.5) である．ただし，z 変換を

$$Z[f(t)] = F(z)$$

と定義し，

$$z = e^{-sT}$$

とする．

$$Z[f(t+T)] = zF(z) \tag{8.5}$$

本章で使うものに，サンプラーと 1 次ホールドがあるので，少し調べてみよう．

サンプルされた信号 $x^*(t)$ と原信号 $x(t)$ の関係は，定義より次式となる．

$$x^*(t) = \sum_{k=0}^{\infty} x(t)\delta(t - kT) \tag{8.6}$$

この両辺をラプラス変換して，変形すると，次式を得る．

$$X^*(s) = \frac{1}{T}\sum_{n=-\infty}^{\infty} X(s + jn\omega_\mathrm{s}) \tag{8.7}$$

ただし，

$$\omega_\mathrm{s} = \frac{2\pi}{T}$$

とする．この式より，サンプラーのゲインが $1/T$ であることがわかる．

また，零次ホールドは定義より，

$$y(t) = \sum_{k=0}^{\infty} x(kT)\{u(t - kT) - u(t - (k-1)T)\} \tag{8.8}$$

ただし，$u(t)$ はステップ関数と定義する．

式 (8.8) の両辺をラプラス変換して変形すると，

$$Y(s) = \left(\sum_{k=0}^{\infty} x(kT)e^{-kTs}\right) \frac{1-e^{-Ts}}{s} \tag{8.9}$$

となり，この右辺の括弧は式 (8.6) のラプラス変換となる．つまり，零次ホールドの伝達関数は，$(1-e^{-Ts})/s$ となる．したがって，サンプラーと零次ホールドの伝達関数は，

$$\frac{1-e^{-Ts}}{Ts} \tag{8.10}$$

となる．

代表的な関数の例を表 8.1 に示すが，詳しくは他書に譲る[59],[60]．

表 8.1 代表的なラプラス変換と z 変換

$f(t)$ $(t \geq 0)$	$F(s)$	$F(z)$	備考
1	$\dfrac{1}{s}$	$\dfrac{z}{z-1}$	ステップ関数
e^{-at}	$\dfrac{1}{s+a}$	$\dfrac{z}{z-e^{-aT}}$	1 次遅れ
$y(t-T)$	$e^{-Ts}Y(s)$	$z^{-1}Y(z)$	1 サンプル時間遅れ
$\sum_{k=0}^{\infty} \delta(t-kT)$	$\dfrac{1}{1-e^{-Ts}}$	$\dfrac{z}{z-1}$	
t	$\dfrac{1}{s^2}$	$\dfrac{Tz}{(z-1)^2}$	ランプ関数
$\sin \omega t$	$\dfrac{\omega}{s^2+\omega^2}$	$\dfrac{z \sin \omega T}{z^2 - 2z\cos \omega T + 1}$	
	$\dfrac{1-e^{-Ts}}{Ts}$	各種近似	サンプラーと零次ホールド
$y(0)$	$\lim_{s \to \infty} sY(s)$	$\lim_{z \to \infty} \dfrac{z-1}{z}Y(z)$	初期値定理
$\lim_{t \to \infty} y(t)$	$\lim_{s \to 0} sY(s)$	$\lim_{z \to 1} \dfrac{z-1}{z}Y(z)$	最終値定理

8.2 ディジタル再設計に関する3種類の手法

4章では，微分方程式からパワーエレクトロニクスに適した離散時間モデル式(4.10)を導出した．連続時間系(s平面)で設計された制御則をマイクロコンピュータなどのディジタル機器で実現することは数多い．この問題はディジタル再設計と呼ばれている．そこで，連続時間系で設計された制御器をどのようにして，ディジタル系で実現するかについて，3種類の方法を述べる．

8.2.1 後退差分変換

制御則を時間微分を含む式で時間軸上で表現できたとすると，その微分部分 dx/dt を後退差分で時間離散化すると，次式となる．

$$\frac{dx}{dt} \approx \frac{\Delta x(kT) - \Delta x((k-1)T)}{T} \tag{8.11}$$

ただし，T はサンプリング周期である．

ディジタル系の安定性のため，後退差分が用いられることが多い．

また，ラプラス変換との関連では，$z^{-1} = e^{-Ts}$ を $z^{-1} \approx 1 - Ts$ と近似して，s について解くと，

$$s = \frac{1 - z^{-1}}{T} \tag{8.12}$$

となる．式(8.12)により，s平面で設計された制御則を z平面に変換することは式(8.11)と等価である．

s平面での安定領域（左半平面）は，後退差分により，z平面では図8.1に示すような中心が $(1/2, 0j)$ で半径が $1/2$ の円に写像される．したがって，s平面で安定なシステムを後退差分で変換すると安定性は保証されることがわかる．ただし，z変換で s平面の極を厳密に z平面に写像する場合と比べて，後退差分の変換で極が z平面に精度よく写像される（$\tan \omega T \approx \omega T$）には，

$$\omega T \leq 0.3 \tag{8.13}$$

の範囲程度に極が分布することが必要となる[61]（誤差については例題8.2参照）．

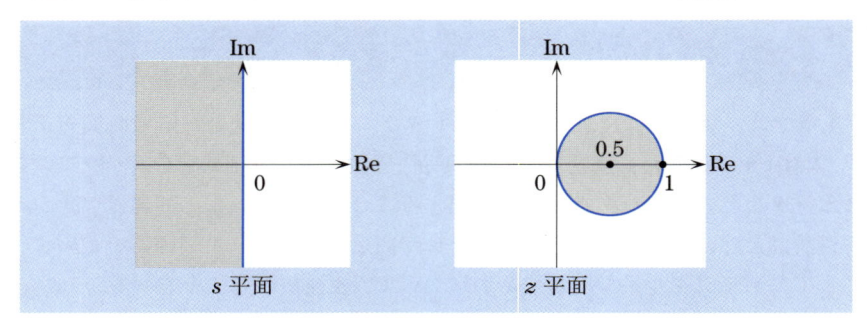

図 8.1 後退差分変換の s 平面から z 平面への写像

例題 8.1

後退差分の図 8.1 の写像を証明せよ．

【解答】 式 (8.12) を変形すると，次式を得る．

$$z = \frac{1}{2}\left(1 + \frac{1+sT}{1-sT}\right) \tag{8.14}$$

s 平面の虚軸の写像を考えるために $s = j\omega$ とおくと，式 (8.14) は以下となる．

$$z = \frac{1}{2}\left(1 + \frac{1+j\omega T}{1-j\omega T}\right) \tag{8.15}$$

ここで，以下の公式

$$\tanh^{-1} x = \frac{1}{2}\ln(1+x) - \frac{1}{2}\ln(1-x)$$

$$\tanh^{-1}(jx) = j\tan^{-1} x$$

を使うと，式 (8.15) の括弧の中の第 2 項は，

$$\frac{1+j\omega T}{1-j\omega T} = e^{\{\ln(1+j\omega T) - \ln(1-j\omega T)\}}$$

$$= e^{2\tanh^{-1}(j\omega T)}$$

$$= e^{j2\tan^{-1}\omega T}$$

となるので，結局，式 (8.15) は次式となる．

$$z = \frac{1}{2}(1 + e^{j2\tan^{-1}\omega T}) \tag{8.16}$$

これは，中心が $(1/2, 0)$ で半径が $1/2$ の円を示している． ∎

8.2.2 双 1 次変換（Tustin 変換）

次式で与えられる双 1 次変換（または Tustin 変換と呼ばれる）に従って，s を z で置き換え，離散時間の制御則を求めることはしばしば用いられる．

$$s = \frac{2}{T} \frac{1 - z^{-1}}{1 + z^{-1}} \tag{8.17}$$

これを z に関して変形すると，次式を得る．

$$z = \frac{1 + Ts/2}{1 - Ts/2} \tag{8.18}$$

ここで，例題 8.1 と同様な計算を行うと，

$$z = e^{j2\tan^{-1}(\omega T/2)} \tag{8.19}$$

を得るので，s 平面での安定領域（左半平面）は，図 8.2 に図示したように，双 1 次変換により z 平面では中心が原点で半径が 1 の単位円に写像されることを示している．この結果，s 平面で安定な系は双 1 次変換により z 平面でも安定であることがわかる．ただし，s 平面の極が z 平面で精度よく写像される，つまり s 平面での振る舞いと z 平面での振る舞いが，かなりの精度（$\tan \omega T/2 \approx \omega T/2$）で一致するには，

$$\frac{\omega T}{2} \leq 0.3 \tag{8.20}$$

の範囲程度に極が分布することが要求される[61]．

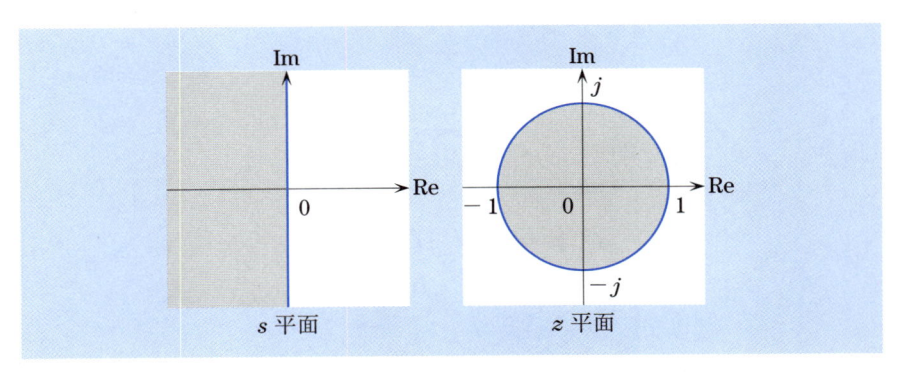

図 8.2 双 1 次変換の s 平面から z 平面への写像

8.2.3 精密なサンプルドデータモデル（sampled-data model）
● 状態方程式から零次ホールドを介して精密にモデル化する場合

零次ホールド (ZOH) を介して入力すること（図 8.3 (a)，(b) 参照）を考慮し，時間連続な入力 $\boldsymbol{u}$（m 次元ベクトル）を以下の式 u_i^+ でサンプルホールドすると仮定する．

$$u_i^+(kT+\tau) = u_i(kT) \quad (0 \leq \tau < T) \tag{8.21}$$

を定義すると，図 8.3 での精密な状態方程式は

$$\dot{\boldsymbol{x}} = A\boldsymbol{x} + B\boldsymbol{u}^+ \tag{8.22}$$

と書ける．$\boldsymbol{x}, A, B$ は，それぞれ，n 次元ベクトル，$n \times n$ および $n \times m$ の行列．この解は，1 サンプル時間内 $kT < t < (k+1)T$ で，

$$\boldsymbol{x}(t) = e^{A(t-t_0)}\boldsymbol{x}(t_0) + \int_{t_0}^{t} e^{A(t-\tau)}B\boldsymbol{u}^+(\tau)d\tau \tag{8.23}$$

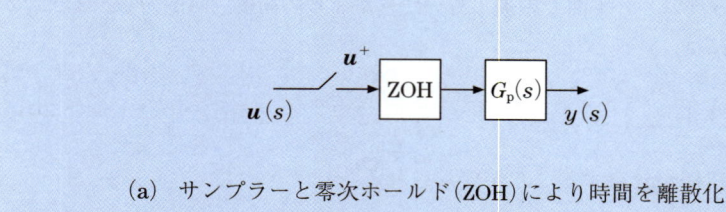

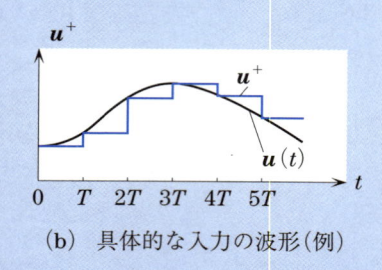

(a) サンプラーと零次ホールド(ZOH)により時間を離散化

(b) 具体的な入力の波形(例)

図 8.3　精密なサンプルドデータモデルの説明図

8.2 ディジタル再設計に関する3種類の手法

となる．入力 $u(t)$ がサンプル周期 T で零次ホールドされることに注意すると，次式の離散時間モデル（sampled-data model）が求まる．

$$x(k+1) = Fx(k) + Gu(k) \tag{8.24}$$

ただし，

$$F = e^{AT}$$
$$G = \int_{kT}^{(k+1)T} e^{A\{(k+1)T-\tau\}} B d\tau$$
$$x(k) = [x_1(kT), x_2(kT), \cdots]^T$$
$$u(k) = [u_1(kT), u_2(kT), \cdots]^T$$

参考 なお，e^{At} の求め方にはいろいろな方法があり，例えば，以下が便利である．

$$e^{At} = I + At + \frac{A^2}{2!}t^2 + \frac{A^3}{3!}t^3 + \cdots = \sum_{i=0}^{\infty} \frac{A^i}{i!}t^i \tag{8.25}$$

$$e^{At} = \mathcal{L}^{-1}[(sI - A)^{-1}] \tag{8.26}$$

8.3 各種変換の比較例——1次遅れ系での例題

この節では，8.2節で示した3通りのディジタル再設計の変換についての理解を深めるために，具体的な例題を解いてみる．

── 例題 8.2 ──

補償要素 $a/(s+a)$ の離散時間モデルを3通りの方法で作成し，ディジタル機器で実現可能な制御則(漸化式)を導け．

【解答】 サンプラー，零次ホールド，1次遅れの補償要素を含めた伝達関数は，次式となる．

$$G(s) = \frac{1-e^{-Ts}}{Ts}\frac{a}{s+a} \tag{8.27}$$

(1) 後退差分の場合

式 (8.12) を式 (8.27) に代入して計算すると，伝達関数 $G_1(z)$ は次式となる．

$$G_1(z) = \frac{aT}{1+aT-z^{-1}} \tag{8.28}$$

これを $G_1(z) = x(z)/u(z)$ と変数を定義して，離散時間系に変換すると，

$$x(k) = \frac{1}{1+aT}x(k-1) + \frac{aT}{1+aT}u(k) \tag{8.29}$$

を得る．

(2) 双1次 (Tustin) 変換の場合

式 (8.19) を式 (8.27) に代入して計算すると，伝達関数 $G_2(z)$ は次式となる．

$$G_2(z) = \frac{aT}{2}\frac{(1+z^{-1})^2}{aT+2+(aT-2)z^{-1}} \tag{8.30}$$

これを $G_2(z) = x(z)/u(z)$ と変数を定義して，離散時間系に変換すると，次式となる．

$$x(k) = \frac{1-aT/2}{1+aT/2}x(k-1) + \frac{aT/4}{1+aT/2}\{u(k)+2u(k-1)+u(k-2)\} \tag{8.31}$$

(3) 精密なサンプルドデータモデルの場合

まず，状態方程式を導出するために，変数を $a/(s+a) = x(s)/u(s)$ と定義すると，次式の微分方程式を得る[1]．

$$\dot{\boldsymbol{x}} = -a\boldsymbol{x} + a\boldsymbol{u} \tag{8.32}$$

式 (8.24) に従って，精密なサンプルドデータモデルを計算すると次式を得る．

$$\boldsymbol{x}(k+1) = e^{-aT}\boldsymbol{x}(k) + (1 - e^{-aT})\boldsymbol{u}(k) \tag{8.33}$$

ここで，3つのモデルの精度を比較するために，式 (8.29)，(8.31)，(8.33) の右辺の係数を比較したのが，表 8.2 である．ただし，サンプル周期 T が 3 通りに変えてあり，実現上の A/D のビット数などを考慮して，有効数字 3 桁で示してある．

また，ステップ入力に対する時間応答を同表 (b) に最初の 5 サンプル時刻分だけまとめた．全てのデータは 3 桁で四捨五入して繰り返し計算してある．実用上はアナログデータの A/D での取り込みビット数やコンピュータ内でのデータ表現のビット数によっては，量子化誤差がもっと大きく出ると予想される．$aT = 0.3$ の場合であるので，8.2.1 で述べたように，後退差分は時間連続系と比べて数％の誤差が観測され，正確なサンプルドデータモデルでは，誤差は皆無である． ∎

---

[1] この状態方程式の導出方法は可制御正準系，可観測標準形，対角標準形など数通り存在する．ただし，この例題は 1 次遅れ系なので，全て式 (8.32) と一致する[60]．

第8章 パワーエレクトロニクスのためのディジタル再設計

表 8.2 (a) サンプラー+零次ホールド+1 次遅れ $a/(s+a)$ に対して 3 種類の変換を行う場合の精度の比較例

後退差分変換： $x(k) = \dfrac{1}{1+aT}x(k-1) + \dfrac{aT}{1+aT}u(k)$

双 1 次変換： $x(k) = \dfrac{1-aT/2}{1+aT/2}x(k-1)$
$\qquad\qquad + \dfrac{aT/4}{1+aT/2}\{u(k) + 2u(k-1) + u(k-2)\}$

精密なサンプルドデータモデル： $\boldsymbol{x}(k+1) = e^{-aT}\boldsymbol{x}(k) + (1-e^{-aT})\boldsymbol{u}(k)$

$x(k-1)$ の係数	$aT=0.1$ のとき	$aT=0.3$ のとき	$aT=0.6$ のとき
$\dfrac{1}{1+aT}$	0.909	0.769	0.625
$\dfrac{1-aT/2}{1+aT/2}$	0.905	0.739	0.538
e^{-aT}	0.905	0.741	0.549
$u(k-1)$ の係数	$aT=0.1$ のとき	$aT=0.3$ のとき	$aT=0.6$ のとき
$\dfrac{aT}{1+aT}$	0.091	0.231	0.375
$\dfrac{aT/4}{1+aT/2}$ の 4 倍	0.095	0.261	0.461
$1-e^{-aT}$	0.095	0.259	0.451

表 8.2 (b) ステップ入力に対する時間応答の比較（ただし，$aT=0.3$ の場合）

時刻	T	$2T$	$3T$	$4T$	$5T$
連続系の正確な応答	0.259	0.451	0.593	0.698	0.777
後退差分変換	0.231	0.409	0.546	0.650	0.731
双 1 次変換	0.265	0.391	0.550	0.667	0.754
精密なサンプルドデータモデル	0.259	0.451	0.593	0.698	0.776

8.4 マルチレートサンプリング

1制御周期内に複数回入力のサンプラーを動作させる場合，あるいは出力のサンプラーを複数回動作させることは，マルチレートサンプリングと呼ばれている．従来の1制御周期で1回のサンプルを行うことと比べると自由度が増加するので，従来のディジタル制御では実現できなかったことが実現できる．

議論を簡単にするために，1入力1出力のプラント $G_p(s)$ に，図 8.4(a) に示すようにサンプラーと零次ホールドを付けて制御するときに，同図 (b) に示したように1制御周期（以下，フレーム周期と呼ぶ）の中で，複数回入力をサンプルする，入力マルチレートサンプリングを考える．時間幅 $[iT, (i+1)T]$ で N 回入力を切り替える，あるいは，N 回サンプルすると仮定し，その時刻を

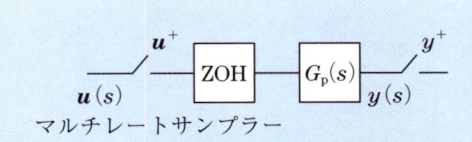

(a) マルチレートサンプラーと零次ホールド(ZOH)による入力マルチレートサンプリング

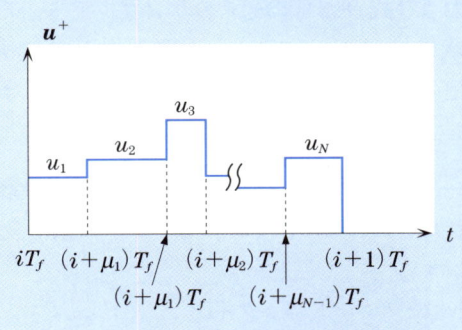

(b) マルチレートの具体的な入力波形の例

図 8.4 マルチレートサンプリングの説明図

$$(i+\mu_1)T, (i+\mu_2)T, \cdots, (i+\mu_{N-1})T$$

と定義し（$\mu_0 = 0, \mu_{i-1} < \mu_i < \mu_{i+1}, \mu_N = 1$），さらにそのときの入力を $u_1(i), u_2(i), \cdots, u_N(i)$ と定義する．

連続時間系のシステム

$$\dot{\boldsymbol{x}} = A\boldsymbol{x} + b\boldsymbol{u} \tag{8.34}$$

に対して，図 8.4 のようにマルチレートされた離散系システムは，式 (8.24) を参考にして計算すると，次式で表現できる．

$$\boldsymbol{x}(i+1) = F\boldsymbol{x}(i) + G\boldsymbol{u}(i) \tag{8.35}$$

ただし，$\boldsymbol{x}(i) \equiv \boldsymbol{x}(iT)$ と書くことにし，各記号は以下で求める．

$$F = e^{AT}$$
$$\boldsymbol{G} = [g_1, g_2, \cdots, g_N]$$
$$g_i = \int_{(1-\mu_j)T}^{(1-\mu_{j-1})T} e^{A\tau} b \, d\tau$$
$$\boldsymbol{u}(i) = [u_1(i), u_2(i), \cdots, u_N(i)]^T$$

このマルチレート離散時間モデルは，状態変数 $\boldsymbol{x}$ の次数が n，入力 $\boldsymbol{u}$ の次数が N（時間連続系および式 (8.24) の通常のサンプルデータモデルでは，状態変数が n，入力 $\boldsymbol{u}$ の次数が 1）となるため，制御の自由度が増す．その結果，アナログ制御や従来型のディジタル制御では実現できなかったことが，実現できる[65],[66]．一例として，ディジタル再設計の問題を考察しよう．

8.4.1 マルチレートサンプリングによるディジタル再設計

連続系で設計されたシステムの出力と，ディジタル系で設計されたシステムの出力に関して考察する．

図 8.5 (a) の時間連続フィードバック系

$$\dot{\boldsymbol{x}} = A_c \boldsymbol{x} + b_c \boldsymbol{u} \quad (1 入力で全状態変数 (次数 n) が観測可)$$

において，

$$\boldsymbol{u} = \boldsymbol{f}_c \boldsymbol{x} \quad (ただし，\boldsymbol{f}_c は n 次元横ベクトル)$$

8.4 マルチレートサンプリング

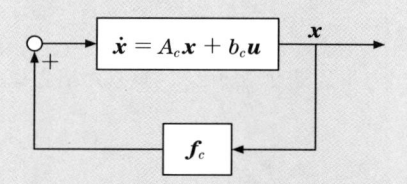

(a) 連続時間系のフィードバックシステム

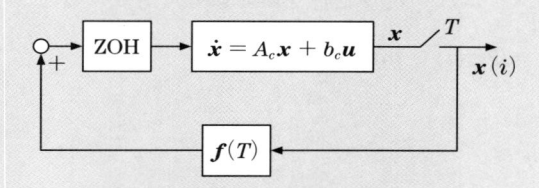

(b) 離散時間系のフィードバックシステム

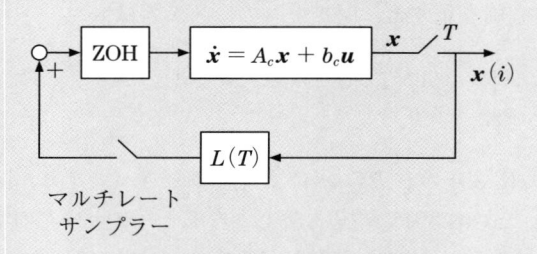

マルチレート
サンプラー

(c) マルチレートサンプリングによるディジタル再設計

図 8.5　ディジタル再設計の説明図

なるフィードバック制御を施すと，閉ループのシステムは，

$$\dot{x} = (A + b_c f_c)x \tag{8.36}$$

と書けるので，この出力を周期 T でサンプルした出力は，式 (8.24) を参考にして，

$$x((i+1)T) = e^{(A_c + b_c f_c)T} x(iT) \tag{8.37}$$

と書ける．ただし，$x(i) \equiv x(iT)$ と定義する．

一方，図 8.5 (b) のように，出力をサンプル時間 T で零次ホールドしたサンプルドデータシステムは，式 (8.24) を参考にして計算すると，

$$x(i+1) = Fx(i) + gu(i) \tag{8.38}$$

ただし，

$$F = e^{A_c T}$$
$$g = \int_{kT}^{(k+1)T} e^{A_c \{(k+1)T - \tau\}} b_c d\tau$$

と書けるので，$u(i) = f(T)x(i)$（ただし，$f(T)$ は n 次元横ベクトル）なるフィードバック制御を施すと，閉ループのシステムは，

$$x(i+1) = \{F + gf(T)\}x(i) \tag{8.39}$$

を得る．

式 (8.37) と式 (8.39) の右辺の $x(i)$ が等しいとき（つまり，同じ初期状態），もしも式 (8.37) と式 (8.39) の左辺も等しくなると，アナログのフィードバック系とディジタルのフィードバック系は，時刻 $(i+1)T$ において，その出力が完全に一致することを意味している．つまり，アナログの制御系とディジタルの制御系は時刻 iT において同じ初期状態から出発すると，時間が $(i+1)T$ に遷移しても状態変数が，完全に一致する．しかし，一般には，これは成立しない．つまり，次式は一般には成立しない．

$$e^{(A_c + b_c f_c)T} = F + gf(T) \tag{8.40}$$

理由は，ゲイン $f(T)$ は n 次元横ベクトルであるが，上式は $n \times n$ 個の要素

8.4 マルチレートサンプリング

があり，これを満たす $f(T)$ は一般には存在しないからである．そこで，$f(T)$ の数を増やせば，式 (8.40) が成立することに気付く．

注意 一般に，時間連続系で設計した制御則を，ディジタル系で忠実に実現することはディジタル再設計と呼ばれている．式 (8.40) を満たすようなディジタル制御系の実現といってもよい． □

ここでは，前述したマルチレートサンプリングを用いたディジタル再設計を述べる．出力はサンプル周期 T（フレーム周期と呼ぶ）でサンプルし，入力はフレーム周期を N 分割して，例えば，図 8.5 (c) に示したように入力を N 回切り替える．式 (8.35) を利用すると，マルチレートされた離散系システムは，次式で表現できる．

$$x(i+1) = Fx(i) + \boldsymbol{G}\boldsymbol{u}(i) \tag{8.41}$$

ただし，

$$F = e^{A_c T}$$
$$\boldsymbol{G} = [g_1, g_2, \cdots, g_N]$$
$$g_i = \int_{(1-\mu_j)T}^{(1-\mu_{j-1})T} e^{A_c \tau} b \, d\tau$$
$$\boldsymbol{u}(i) = [u_1(i), u_2(i), \cdots, u_N(i)]^T$$

そこで，図 8.5 (c) に示されたようなフィードバック則と考える．つまり，

$$\boldsymbol{u}(i) = L(T)\boldsymbol{x}(i) \tag{8.42}$$

ただし，

$$L(T) = \begin{bmatrix} \boldsymbol{L}_1(T) \\ \boldsymbol{L}_2(T) \\ \vdots \\ \boldsymbol{L}_N(T) \end{bmatrix}$$

ゲイン $\boldsymbol{L}_i(T)$ は n 次元の横ベクトル．

式 (8.42) を式 (8.41) に代入してフィードバックされた系の出力を求めると，

$$x(i+1) = \{F + GL(T)\}x(i) \tag{8.43}$$

となる．

今度は，式 (8.37) と式 (8.43) において，同じ $x(iT)$ から出発して T 秒後に，この式を完全に一致させるのは容易となる．つまり，

$$e^{(A_c+b_c f_c)T} = F + \boldsymbol{G}L(T) \tag{8.44}$$

なる $L(T)$ は存在する．その理由は，この式の要素の数は $n \times n$ であるが，右辺の $L(T)$ の要素数も $n \times n$ であるので，これを満たすゲイン $L(T)$ は求まる．例えば，n が 2 であれば，式 (8.44) の両辺は 2×2 の行列となるので，ゲイン $L(T)$ も 2×2 となり，式 (8.44) は容易に解ける．このようにマルチレートサンプリングを用いれば，アナログ系の制御則が厳密にディジタル系で実現できる．この手法は，多入力多出力システムに拡張できるが詳しくは文献を参照されたい[65]．

マルチレートサンプリングの応用は多岐にわたるので，興味のある読者は文献 [65], [66] などを参考にされたい．

8章の問題

1 式 (8.15) において，左辺の z の実部と虚部をそれぞれ x, y と定義して，右辺の実部と虚部を ω の関数で計算することにより，
$$(x - 1/2)^2 + y^2 = (1/2)^2$$
となることを導け．

2 積分要素 $1/s$ をサンプラーと零次ホールドを介して実現するとき，後退差分，双1次変換，サンプルドデータモデルの3通りにより，精密な離散時間の形（漸化式）を示せ．

3 微分要素 s をサンプラーと零次ホールドを介して実現するとき，後退差分，双1次変換，サンプルドデータモデルの3通りにより，精密な離散時間の形（漸化式）を示せ．

4 比例要素 k_p をサンプラーと零次ホールドを介して実現するとき，後退差分，双1次変換，精密なサンプルドデータモデルの3通りにより，離散時間の形（漸化式）を示せ．

5 プラント $a/s(s+a)$ をサンプラーと零次ホールドを介して制御するときの離散時間モデルを，後退差分，双1次変換，精密なサンプルドデータモデルの3通りにより，離散時間の形（漸化式）を示せ．

6 プラント $a/s(s+a)$ をサンプラーと零次ホールドを介して制御するときの離散時間モデルを，マルチレートサンプルにより導出したい．前問5の問題と同じサンプル周期 T（フレーム周期）を2分割して，$T/2$ で2回サンプルする場合を想定する．離散時間の実現形（漸化式）を示せ．

付　録　A
フーリエ級数のまとめ

A.1　フーリエ級数

　パワーエレクトロニクスでよく出てくる周期的な関数連続関数 $f(\omega_1 t)$ は，以下のようにフーリエ級数に展開される．

$$
\begin{aligned}
f(\omega_1 t) &= A_0 + A_1 \cos\omega_1 t + A_2 \cos 2\omega_1 t + A_3 \cos 3\omega_1 t + \cdots \\
&\quad + B_1 \sin\omega_1 t + B_2 \sin 2\omega_1 t + B_3 \sin 3\omega_1 t + \cdots \\
&= A_0 + \sum_{n=1}^{\infty} (A_n \cos n\omega_1 t + B_n \sin n\omega_1 t)
\end{aligned} \tag{A.1}
$$

ただし，$\omega_1 = 2\pi/T$ は周期 T に対する周波数であり，n は正の整数，A_n と B_n は次式で与えられる各 cos および sin の項の振幅である．

$$A_0 = \frac{1}{T} \int_0^T f(t) dt \tag{A.2}$$

$$A_n = \frac{2}{T} \int_0^T f(t) \cos n\omega_1 t\, dt \tag{A.3}$$

$$B_n = \frac{2}{T} \int_0^T f(t) \sin n\omega_1 t\, dt \tag{A.4}$$

または，電気角を用いて以下でも求まる．

$$A_0 = \frac{1}{2\pi} \int_0^{2\pi} f(\omega_1 t) d(\omega_1 t) \tag{A.5}$$

$$A_n = \frac{1}{\pi} \int_0^{2\pi} f(\omega_1 t) \cos n\omega_1 t\, d(\omega_1 t) \tag{A.6}$$

$$B_n = \frac{1}{\pi} \int_0^{2\pi} f(\omega_1 t) \sin n\omega_1 t(\omega_1 t) \tag{A.7}$$

パワーエレクトロニクスでは，次の3種類の対称性を用いると便利なことが多い．

① **奇関数の対称性**：$f(\omega_1 t) = -f(-\omega_1 t)$

この性質を持つ関数は sin 項だけを持つ．

② **偶関数の対称性**：$f(\omega_1 t) = f(-\omega_1 t)$

この性質を持つ関数は cos 項だけを持つ．

③ **半周期の対称性**：$f(\omega_1 t) = -f(\omega_1 t + \pi)$

この性質を持つ関数は奇数周波数成分だけを持つ．

例題 A.1

図 A.1 のような PWM インバータの出力波形の基本波成分および高調波成分を求めよ．

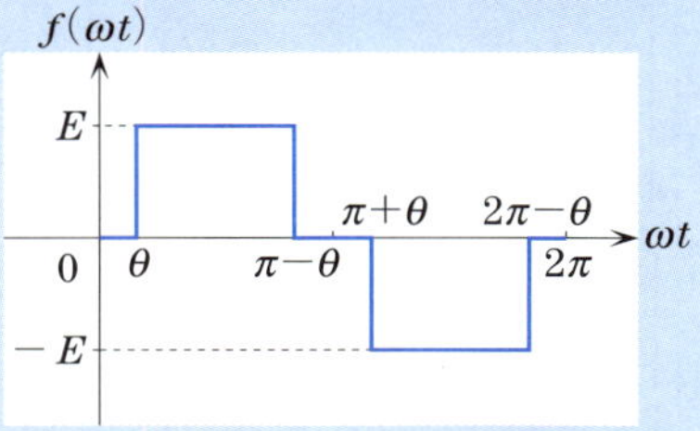

図 A.1　インバータの出力波形の例

【解答】　奇関数の対称性および式 (A.4) より，

$$
\begin{aligned}
B_n &= \frac{2E}{\pi}\int_{\theta}^{\pi-\theta} \sin n\omega t d\omega t \\
&= \frac{4E}{n\pi}\cos n\theta
\end{aligned}
$$

ただし，n は奇数．■

付　録　B
相数および座標軸の変換と3相インバータを2相で制御する変換例

B.1　3相/2相変換

図 B.1 に示したような，3相（a, b, c 相）から2相（$\alpha\beta$ 相）への3相/2相絶対変換は以下のようになる．

■3相/2相絶対変換■

$$\begin{bmatrix} x_\alpha \\ x_\beta \\ x_0 \end{bmatrix} = \sqrt{\frac{2}{3}} \begin{bmatrix} 1 & -1/2 & -1/2 \\ 0 & \sqrt{3}/2 & -\sqrt{3}/2 \\ 1/\sqrt{2} & 1/\sqrt{2} & 1/\sqrt{2} \end{bmatrix} \begin{bmatrix} x_a \\ x_b \\ x_c \end{bmatrix} \quad \text{(B.1)}$$

$$\begin{bmatrix} x_a \\ x_b \\ x_c \end{bmatrix} = \sqrt{\frac{2}{3}} \begin{bmatrix} 1 & 0 & 1/\sqrt{2} \\ -1/2 & \sqrt{3}/2 & 1/\sqrt{2} \\ -1/2 & -\sqrt{3}/2 & 1/\sqrt{2} \end{bmatrix} \begin{bmatrix} x_\alpha \\ x_\beta \\ x_0 \end{bmatrix} \quad \text{(B.2)}$$

ただし，モータ制御では零相分は0（つまり，$x_a + x_b + x_c = 0$）が成立することが多いので，変数を1つ減らした次式 (B.3)，(B.4) がしばしば用いられる．

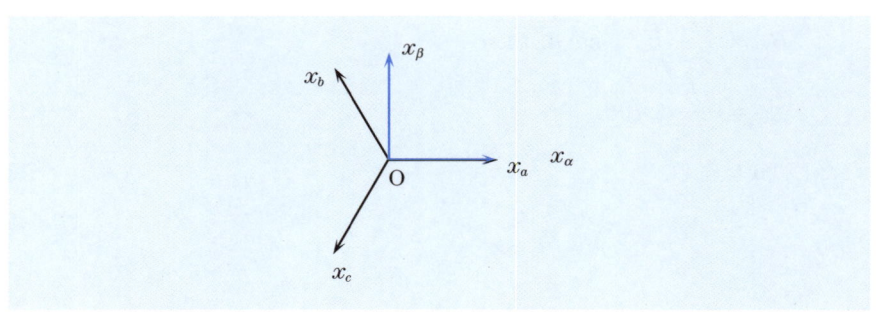

図 B.1　3相 (x_a, x_b, x_c)/2相 (x_α, x_β) 変換の説明図

B.1 3相/2相変換

■**3相/2相絶対変換：零相がない場合**■

$$\begin{bmatrix} x_\alpha \\ x_\beta \end{bmatrix} = \sqrt{\frac{2}{3}} \begin{bmatrix} 1 & -1/2 & -1/2 \\ 0 & \sqrt{3}/2 & -\sqrt{3}/2 \end{bmatrix} \begin{bmatrix} x_a \\ x_b \\ x_c \end{bmatrix} \quad \text{(B.3)}$$

$$\begin{bmatrix} x_a \\ x_b \\ x_c \end{bmatrix} = \sqrt{\frac{2}{3}} \begin{bmatrix} 1 & 0 \\ -1/2 & \sqrt{3}/2 \\ -1/2 & -\sqrt{3}/2 \end{bmatrix} \begin{bmatrix} x_\alpha \\ x_\beta \end{bmatrix} \quad \text{(B.4)}$$

ただし，変数 x は電圧または電流を表し，添え字のある変数 x_a, x_b, x_c は3相の相変数を，x_{ab}, x_{bc}, x_{ca} は3相の線間の変数を，また x_α, x_β は2相の相変数を意味する．

■**3相/2相相対変換：零相がない場合**■

相対変換を使うと，電圧や電流の振幅が変わらないので，便利ではあるが，電力やトルクなどを計算するときは，2相の値の3/2倍が3相の値になるので，注意を要する．

$$\begin{bmatrix} x_\alpha \\ x_\beta \end{bmatrix} = \frac{2}{3} \begin{bmatrix} 1 & -1/2 & -1/2 \\ 0 & \sqrt{3}/2 & -\sqrt{3}/2 \end{bmatrix} \begin{bmatrix} x_a \\ x_b \\ x_c \end{bmatrix} \quad \text{(B.5)}$$

$$\begin{bmatrix} x_a \\ x_b \\ x_c \end{bmatrix} = \begin{bmatrix} 1 & 0 \\ -1/2 & \sqrt{3}/2 \\ -1/2 & -\sqrt{3}/2 \end{bmatrix} \begin{bmatrix} x_\alpha \\ x_\beta \end{bmatrix} \quad \text{(B.6)}$$

また，相と線間の電圧変数の関係は次式となる．

$$\begin{bmatrix} x_{ab} \\ x_{bc} \\ x_{ca} \end{bmatrix} = \begin{bmatrix} x_a - x_b \\ x_b - x_c \\ x_c - x_a \end{bmatrix} \quad \text{(B.7)}$$

さらに，3相の線間電圧変数と2相の相電圧変数との変換式は相対変換の場合は，式 (B.6)，(B.7) を式 (B.5) に代入して計算すると，次式となる．

3相線間/2相相対変換：零相がない場合

$$\begin{bmatrix} x_\alpha \\ x_\beta \end{bmatrix} = \frac{2}{3} \begin{bmatrix} 1/2 & 0 & -1/2 \\ 0 & \sqrt{3}/2 & 0 \end{bmatrix} \begin{bmatrix} x_{ab} \\ x_{bc} \\ x_{ca} \end{bmatrix} \tag{B.8}$$

$$\begin{bmatrix} x_{ab} \\ x_{bc} \\ x_{ca} \end{bmatrix} = \frac{3}{2} \begin{bmatrix} 1 & -1/\sqrt{3} \\ 0 & 2/\sqrt{3} \\ -1 & -1/\sqrt{3} \end{bmatrix} \begin{bmatrix} x_\alpha \\ x_\beta \end{bmatrix} \tag{B.9}$$

B.2 静止座標/回転座標の変換

図 B.2 に示したように静止座標の 2 相（$\alpha\beta$ 軸）の変数 (x_α, x_β) を，角度 θ で回転する回転座標（dq 軸）の変数 (x_d, x_q) に変換する式および変換行列 C は以下のようになる．

$$\begin{bmatrix} x_d \\ x_q \end{bmatrix} = C \begin{bmatrix} x_\alpha \\ x_\beta \end{bmatrix} \tag{B.10}$$

$$C \equiv \begin{bmatrix} \cos\theta & \sin\theta \\ -\sin\theta & \cos\theta \end{bmatrix} \tag{B.11}$$

C は絶対変換になっており，$C^{-1} = C^T$ が成り立つ．したがって，

$$\begin{bmatrix} x_\alpha \\ x_\beta \end{bmatrix} = C^T \begin{bmatrix} x_d \\ x_q \end{bmatrix} \tag{B.12}$$

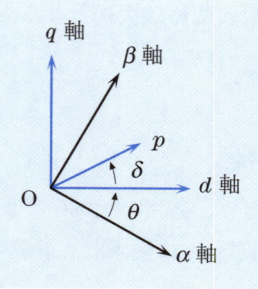

図 B.2　静止座標（$\alpha\beta$ 軸）/回転座標（dq 軸）変換の説明図

例 $x_\alpha = A\sin(\omega t+\delta)$, $x_\beta = A\cos(\omega t+\delta)$ を $\theta = \omega t$ の dq 座標に式 (B.10) を用いて変換すると,

$$\begin{bmatrix} x_d \\ x_q \end{bmatrix} = \begin{bmatrix} \cos(\omega t) & \sin(\omega t) \\ -\sin(\omega t) & \cos(\omega t) \end{bmatrix} \begin{bmatrix} A\cos(\omega t+\delta) \\ A\sin(\omega t+\delta) \end{bmatrix}$$

$$= \begin{bmatrix} A\cos\delta \\ A\sin\delta \end{bmatrix}$$

となり,直流量となる. □

B.3　3相線間電圧制御と2相/3相変換の関係

3相インバータで駆動されるシステムを2相座標に変換して制御則を導出し,その2相入力を3相インバータで実現する方法は,次の5つの手順に従って実現できる.

(1) 3相インバータで駆動されるシステムの状態方程式を求める.
(2) 絶対変換または相対変換を用いて,2相（$\alpha\beta$ 軸）へ変換する.

このとき,図 B.3 のような線間電圧パルス（左右対称）に対して相対変換の式 (B.8) から求めた α 相および β 相の電圧パルスは図 B.4 となる.これは一例であるが,相対変換では α 相は高さ $\pm(2/3)E$ および $\pm(1/3)E$ の左右対称の多パルスになり,β 相は高さ $\pm(1/\sqrt{3})E$ の左右対称の単一パルスとなる.パルス幅は,図に示した通りである.

(3) 2相（α 相および β 相）の状態方程式に正確な $\alpha\beta$ 相のパルス電圧（例えば図 B.4）を入力として,重ね合わせの定理と離散時間モデル状態方程式の公式 (4.10) を用いて離散時間モデルを求める.

考えられる全てのパルスパターンについて計算してみると,入力として高さ E,幅は式 (B.5) から求まる値の単一パルスを仮定して4章の定式を使って求めた離散時間モデルと一致することがわかる.これをまとめると,公式 (4.10) を2入力で記述したものと,一致するので,2入力として再掲する.

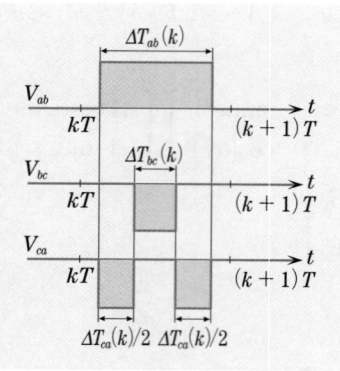

図 B.3 3相インバータの線間電圧とパルスパターン

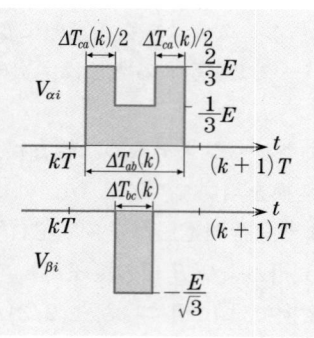

図 B.4 2相電圧（図 B.3 を式 (B.8) で変換したもの）

---**時間連続系の状態方程式**-------------

$$\dot{x} = Ax + Bu$$

が与えられる．

ただし，$\dot{x}$ は状態変数で，u は入力．x は2次元ベクトル．A は2次元の正方行列，B は 2×2 の行列で，u は2次元のベクトルでその要素は

$$u = [u_\alpha, u_\beta]^T$$

要素 u_i は，各区間で左右対称なパルスで，その幅は $\Delta T_i(k)$ で，高さは $\pm E$．パルスが E のときは ΔT_i は正，パルスが $-E$ のときは ΔT_i は負と

B.3 3相線間電圧制御と2相/3相変換の関係

定義する．

上式のサンプル値モデル（離散化モデル）は，次式で与えられる．

$$\boldsymbol{x}(k+1) = F\boldsymbol{x}(k) + G\Delta \boldsymbol{T}(k)$$

ただし，

$$F = e^{AT}$$
$$G = e^{AT/2}BE$$
$$\Delta \boldsymbol{T}(k) = [\Delta T_\alpha(k), \Delta T_\beta(k)]^T$$

(4) $\alpha\beta$ 相で制御側を導出し，その制御の結果，必要なパルス幅 ΔT_α，ΔT_β が求まると仮定できれば，次に式（B.9）で ab，bc，ca の線間パルス幅 $\Delta T_{ab}, \Delta T_{bc}, \Delta T_{ca}$ へ変換する．

(5) 具体的にどのような線間電圧パルス（例えば図 B.3）を作るかは，3相の瞬時線間電圧の和は0であることに注意して，例えば，次のアルゴリズムに従う．

(a) 各線間電圧パルスは，サンプリング間隔の中央に関して左右対称にする．

(b) 3つのパルスのうち，極性の同じ2つはその幅を比較して小さいほうを中央に出力し，大きいほうを2つに分割して小さいパルスの両端に配置する．

(c) もしも，3つのパルスのうち一番大きいパルスがサンプリング間隔より大きい場合は，その幅をサンプリング間隔まで減らし，ほかの2つのパルスの幅も同じ割合で減らす．

── 線間電圧と各相スイッチの選び方 ──

線間電圧から各相のスイッチの選び方を，図 B.3 を例にする場合，三角波比較法を用いて，具体的に示したのが図 B.5 である．A 相のアームは中央の $\Delta T_{ab}(k)$ の間は $E/2$，そのほかの区間では $-E/2$，B 相のアームは全区間では $-E/2$，C 相のアームは中央の $\Delta T_{bc}(k)$ の間は E，そのほかの区間では $-E/2$ となるようにスイッチをオン/オフすればよい．（ただし，直流電圧源を E とし，電圧が $E/2$ の点が接地できると仮定する）．このパターンは各サンプル区間で左右対称であるので，三角波比較を用いて簡単に実現できる．ただし，線間電圧の組合せは8通りある．

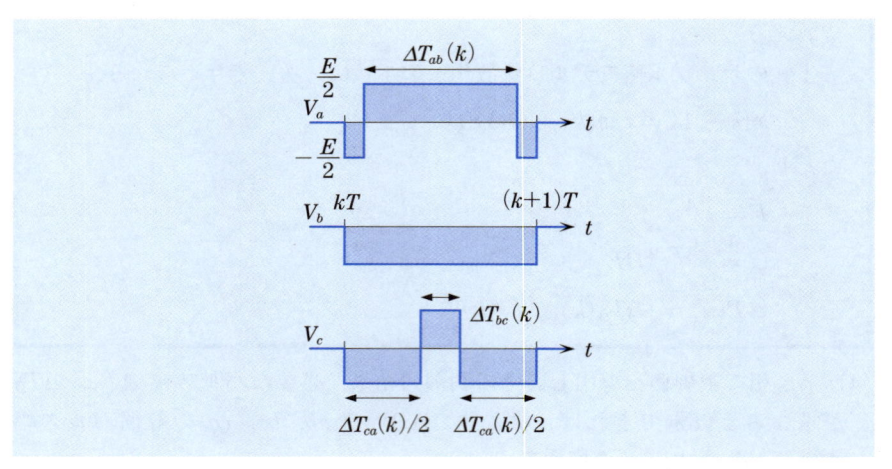

図 B.5 3相インバータの各相の電圧パターン（図 B.3 に対応．電源電圧 E の電圧 $E/2$ の点を接地したと仮定）

注意 このような線間電圧制御アルゴリズムでは，サンプリング周波数の約 2/3 が実質的なスイッチング周波数となり，線間電圧の最大値は直流電圧となる． □

以上の手続きに従えば，3相インバータで駆動されるシステムは，2相（あるいは回転座標）で解析し，その結果導かれた制御則を3相インバータで実現できる．

付　録　C
PMモータおよび誘導機の回路方程式などの導出

C.1　円筒型PMモータの状態方程式

図C.1に示した円筒型PMモータの模式図において，ロータ磁石からの鎖交磁束および巻線からの鎖交磁束を考慮して回路方程式を作ると次式となる．

$$\begin{cases} v_a = r_a i_a + L_l \dfrac{d}{dt} i_a + \dfrac{d}{dt}\lambda_{as} + \dfrac{d}{dt}\lambda_{ar} \\ v_b = r_a i_b + L_l \dfrac{d}{dt} i_b + \dfrac{d}{dt}\lambda_{bs} + \dfrac{d}{dt}\lambda_{br} \\ v_c = r_a i_c + L_l \dfrac{d}{dt} i_c + \dfrac{d}{dt}\lambda_{cs} + \dfrac{d}{dt}\lambda_{cr} \end{cases} \quad (C.1)$$

ただし，v_a, v_b, v_c は相電圧．r_a, L_l は巻線抵抗と漏れインダクタンス．$\lambda_{as}, \lambda_{bs}, \lambda_{cs}, \lambda_{ar}, \lambda_{br}, \lambda_{cr}$ は，それぞれ a, b, c 相巻線が，ステータ側巻線およびロータ磁石から鎖交する磁束とする．

したがって，$\lambda_{as}, \lambda_{bs}, \lambda_{cs}$ は次式となる．

$$\lambda_{as} = L_m i_a + L_m i_b \cos(2\pi/3) + L_m i_c \cos(4\pi/3)$$
$$\lambda_{bs} = L_m i_b + L_m i_c \cos(2\pi/3) + L_m i_a \cos(4\pi/3)$$
$$\lambda_{cs} = L_m i_c + L_m i_a \cos(2\pi/3) + L_m i_b \cos(4\pi/3)$$

L_m は励磁インダクタンスで，$\lambda_{ar}, \lambda_{br}, \lambda_{cr}$ は，次式となる．

$$\begin{bmatrix} \lambda_{ar} \\ \lambda_{br} \\ \lambda_{cr} \end{bmatrix} = \begin{bmatrix} \Phi \cos\theta \\ \Phi \cos(\theta - 2\pi/3) \\ \Phi \cos(\theta - 4\pi/3) \end{bmatrix}$$

ただし，Φ は磁石の作る磁束で，図C.1では極対数を1とする．

誘起電圧を次式で定義すると，

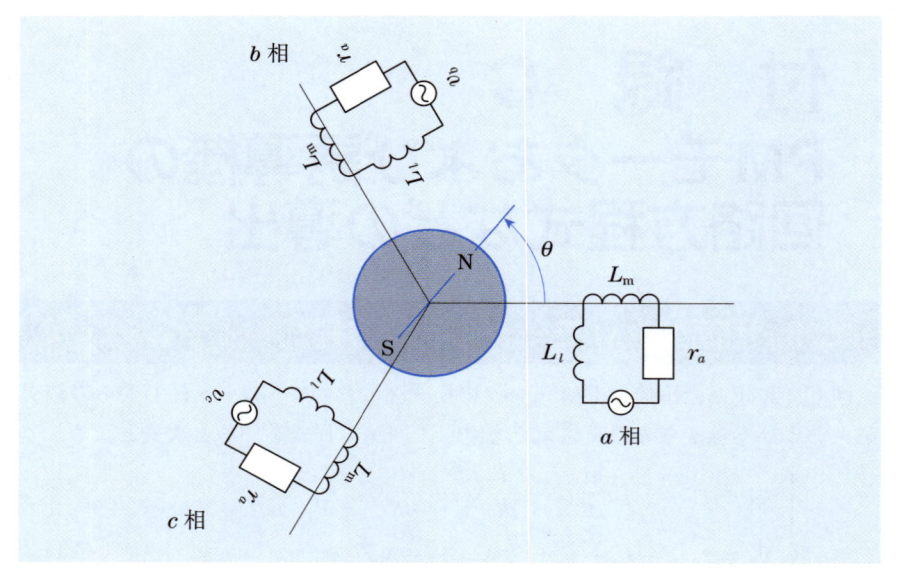

図 C.1 円筒型 PM モータの回路の模式図

$$\begin{bmatrix} e_a \\ e_b \\ e_c \end{bmatrix} = \begin{bmatrix} \dfrac{d\lambda_{ar}}{dt} \\ \dfrac{d\lambda_{br}}{dt} \\ \dfrac{d\lambda_{cr}}{dt} \end{bmatrix}$$

式 (C.1) は以下のように整理できる.

$$\begin{bmatrix} v_a \\ v_b \\ v_c \end{bmatrix} = \begin{bmatrix} r_a + pL_1 & -\dfrac{1}{2}pL_\mathrm{m} & -\dfrac{1}{2}pL_\mathrm{m} \\ -\dfrac{1}{2}pL_\mathrm{m} & r_a + pL_1 & -\dfrac{1}{2}pL_\mathrm{m} \\ -\dfrac{1}{2}pL_\mathrm{m} & -\dfrac{1}{2}pL_\mathrm{m} & r_a + pL_1 \end{bmatrix} \begin{bmatrix} i_a \\ i_b \\ i_c \end{bmatrix} + \begin{bmatrix} e_a \\ e_b \\ e_c \end{bmatrix}$$

(C.2)

ただし,r_a は巻線抵抗,自己インダクタンス $L_1 = L_l + L_\mathrm{m}$ で,p は微分演算子.

式 (B.4) を用いて式 (C.2) を変形すると,

C.1 円筒型 PM モータの状態方程式

$$\begin{bmatrix} v_\alpha \\ v_\beta \end{bmatrix} = \begin{bmatrix} r_a + pL_a & 0 \\ 0 & r_a + pL_a \end{bmatrix} \begin{bmatrix} i_\alpha \\ i_\beta \end{bmatrix} + \begin{bmatrix} e_\alpha \\ e_\beta \end{bmatrix} \tag{C.3}$$

を得る．これが 2 相での PM モータの回路方程式といわれている．

ただし，$L_a = L_l + \dfrac{3}{2}L_\mathrm{m}$ で誘起電圧は，

$$\begin{bmatrix} e_\alpha \\ e_\beta \end{bmatrix} = \begin{bmatrix} \Phi_0 \cos\theta \\ \Phi_0 \sin\theta \end{bmatrix} \tag{C.4}$$

である．ただし，式 (B.1) の絶対変換ならば $\Phi_0 = \sqrt{2/3}\,\Phi$，式 (B.5) の相対変換ならば $\Phi_0 = \Phi$ となる．

さらに，回転座標変換式 (B.10) を用いて，回転座標 (dq 軸) に変換すると，次式となる．

$$\begin{bmatrix} v_d \\ v_q \end{bmatrix} = \begin{bmatrix} r_a + pL_a & -\omega_\mathrm{r} L_a \\ \omega_\mathrm{r} L_a & r_a + pL_a \end{bmatrix} \begin{bmatrix} i_d \\ i_q \end{bmatrix} + \begin{bmatrix} 0 \\ \omega_\mathrm{r} \Phi_0 \end{bmatrix} \tag{C.5}$$

なお，トルクは，2 相の PM モータ式 (C.3) を出発点として考えると，次式で求まる 1 極分の磁気随伴エネルギー $W_\mathrm{m'}$

$$\begin{aligned} W_\mathrm{m'} &= \frac{1}{2} \sum (\text{巻線電流}) \times (\text{巻線電流に鎖交する磁束}) \\ &= \frac{1}{2} i_\alpha \phi_0 \cos\theta + \frac{1}{2} i_\beta \phi_0 \sin\theta \end{aligned}$$

を θ で偏微分して求めると，1 極分のトルク T_1 は，

$$\begin{aligned} T_1 &= \frac{\partial}{\partial \theta} W_\mathrm{m'} \\ &= \frac{1}{2}\phi_0 \begin{bmatrix} -\sin\theta, & \cos\theta \end{bmatrix} \begin{bmatrix} i_\alpha \\ i_\beta \end{bmatrix} \end{aligned} \tag{C.6}$$

となる．さらに，式 (B.10) で回転座標に変換すると，

$$T_1 = \frac{1}{2}\Phi_0 i_q \tag{C.7}$$

を得る．3 相での全トルク T_all は極数 ($2P_n$) 倍して，

$$T_\mathrm{all} = P_n \Phi_0 i_q \tag{C.8}$$

となる．相対変換では，トルクはこれの 3/2 倍となる．

C.2　誘導機の回路方程式

図 C.2 の 2 相の誘導機で考えることとする．3 相から 2 相変換は PM モータの部分を参照すれば変換できる．この図から，回路方程式を作ると以下を得る．

$$\begin{cases} u_{d1} = r_1 i_{d1} + L_{l1} p i_{d1} + p\lambda_{d1} \\ u_{q1} = r_1 i_{q1} + L_{l1} p i_{q1} + p\lambda_{q1} \\ u'_{d2} = r_2 i'_{d2} + L_{l2} p i'_{d2} + p\lambda_{d2} \end{cases} \tag{C.9}$$

$$u'_{q2} = r_2 i'_{q2} + L_{l2} p i'_{q2} + p\lambda_{q2} \tag{C.10}$$

ただし，r_1, r_2 は巻き線抵抗，L_{l1}, L_{l2} は 1 次側と 2 次側の漏れインダクタンス．$u_{d1}, u_{q1}, u'_{d2}, u'_{q2}, i_{d1}, i_{q1}, i'_{d2}, i'_{q2}$ は 1 次側と 2 次側（ロータ上）の dq

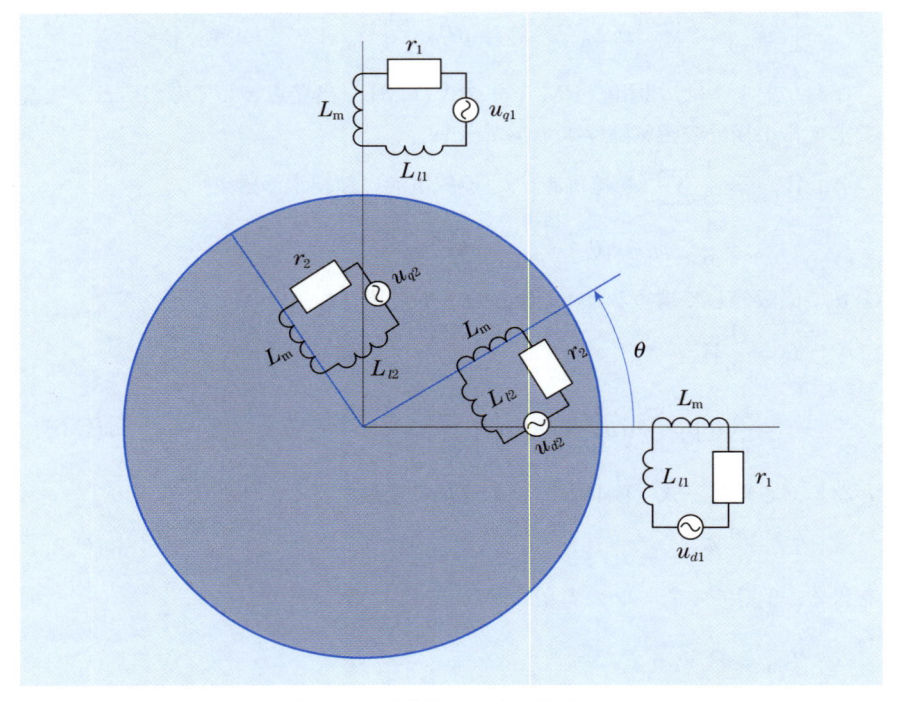

図 C.2　誘導機の回路の模式図

C.2 誘導機の回路方程式

相の電圧および電流. λ_{d1}, λ_{q1}, λ_{d2}, λ_{q2} は1次側と2次側の dq 相鎖交磁束.

トルク (T) は磁気随伴エネルギーの角度微分で求まるので, 1次側に関しては次式となる.

$$T = \frac{\partial}{\partial \theta}\left(\frac{1}{2}i_{d1}\lambda_{d1} + \frac{1}{2}i_{q1}\lambda_{q1}\right) \tag{C.11}$$

また, 磁束は以下となる.

$$\begin{aligned}
\lambda_{d1} &= L_\mathrm{m} i_{d1} + L_\mathrm{m} i'_{d2}\cos\theta + L_\mathrm{m} i'_{q2}\cos(\theta + \pi/2) \\
\lambda_{q1} &= L_\mathrm{m} i_{q1} + L_\mathrm{m} i'_{d2}\cos(\theta - \pi/2) + L_\mathrm{m} i'_{q2}\cos\theta \\
\lambda_{d2} &= L_\mathrm{m} i'_{d2} + L_\mathrm{m} i_{d1}\cos\theta + L_\mathrm{m} i_{q1}\cos(\theta - \pi/2)
\end{aligned} \tag{C.12}$$

$$\lambda_{q2} = L_\mathrm{m} i'_{q2} + L_\mathrm{m} i_{d1}\cos(\theta + \pi/2) + L_\mathrm{m} i_{q1}\cos\theta \tag{C.13}$$

ただし, L_m は励磁インダクタンス.

さらに, ベクトル変数を次式で定義する. それぞれ, 1次および2次の電圧, 電流および鎖交磁束である.

$$\boldsymbol{u}_1 = \begin{bmatrix} u_{d1} \\ u_{q1} \end{bmatrix}, \quad \vec{\boldsymbol{u}}'_2 = \begin{bmatrix} u'_{d2} \\ u'_{q2} \end{bmatrix} \tag{C.14}$$

$$\boldsymbol{i}_1 = \begin{bmatrix} i_{d1} \\ i_{q1} \end{bmatrix}, \quad \boldsymbol{i}'_2 = \begin{bmatrix} i'_{d2} \\ i'_{q2} \end{bmatrix} \tag{C.15}$$

$$\boldsymbol{\lambda}_1 = \begin{bmatrix} \lambda_{d1} \\ \lambda_{q1} \end{bmatrix}, \quad \boldsymbol{\lambda}_2 = \begin{bmatrix} \lambda_{d2} \\ \lambda_{q2} \end{bmatrix} \tag{C.16}$$

さらに, i'_2, u'_2 はロータ上の変数でスリップ周波数 ω_s で変化するが, ロータが周波数 ω_r で回転していると考えると, これらを静止座標軸 (dq 軸) から観測した値 i_2, u_2 に変換するには, 式 (B.10), (B.11) を利用すると次式となる.

$$\boldsymbol{i}_2 = \begin{bmatrix} \cos(-\theta) & \sin(-\theta) \\ -\sin(-\theta) & \cos(-\theta) \end{bmatrix} \boldsymbol{i}'_2$$

これを変形すると,

$$\begin{aligned}
\boldsymbol{i}'_2 &= C\boldsymbol{i}_2 \\
\boldsymbol{u}'_2 &= C\boldsymbol{u}_2
\end{aligned} \tag{C.17}$$

ただし，

$$C \equiv \begin{bmatrix} \cos\theta & \sin\theta \\ -\sin\theta & \cos\theta \end{bmatrix}$$

この C は式 (B.11) と一致するが，$\theta = \omega_\mathrm{r} t$ である．

以上の変数を用いて，1 次側の電圧 $\boldsymbol{u}_1$ を求めると以下となる．

$$\boldsymbol{u}_1 = r_1 \boldsymbol{i}_1 + L_{l1} p \boldsymbol{i}_1 + p \boldsymbol{\lambda}_1$$

これに，$\boldsymbol{\lambda}_1 = L_\mathrm{m} \boldsymbol{i}_1 + L_\mathrm{m} C^{-1} \boldsymbol{i}_2'$ を代入して整理すると，

$$\boldsymbol{u}_1 = r_1 \boldsymbol{i}_1 + L_1 p \boldsymbol{i}_1 + p L_\mathrm{m} \boldsymbol{i}_2 \tag{C.18}$$

ただし，$L_1 = L_\mathrm{m} + L_{l1}$ とする．

同様に，2 次電圧 $\boldsymbol{u}_2'$ を計算すると，

$$\boldsymbol{u}_2' = pC L_\mathrm{m} \boldsymbol{i}_1' + r_2 \boldsymbol{i}_2' + L_2 p \boldsymbol{i}_2'$$

となる．ただし，$L_2 = L_\mathrm{m} + L_{l2}$ とする．式 (C.17) を用いて座標変換すると，

$$\boldsymbol{u}_2 = C^{-1} p C L_\mathrm{m} \boldsymbol{i}_1 + C^{-1}(r_2 + L_2 p) C \boldsymbol{i}_2$$

を得るので，$C^{-1} p C$ の計算に注意して変形すると，次式となる．

$$\boldsymbol{u}_2 = L_\mathrm{m} \begin{bmatrix} p & \omega_\mathrm{r} \\ -\omega_\mathrm{r} & p \end{bmatrix} \boldsymbol{i}_1 + \begin{bmatrix} r_2 + L_2 p & L_2 \omega_\mathrm{r} \\ -L_2 \omega_\mathrm{r} & r_2 + L_2 p \end{bmatrix} \boldsymbol{i}_2 \tag{C.19}$$

式 (C.18) と式 (C.19) を一般的な形で書き下すと，以下になる．

$$\begin{bmatrix} \boldsymbol{u}_1 \\ \boldsymbol{u}_2 \end{bmatrix} = \begin{bmatrix} r_1 + L_1 p & 0 & L_\mathrm{m} p & 0 \\ 0 & r_1 + L_1 p & 0 & L_\mathrm{m} p \\ L_\mathrm{m} p & L_\mathrm{m} \omega_\mathrm{r} & r_2 + L_2 p & L_2 \omega_\mathrm{r} \\ -L_\mathrm{m} \omega_\mathrm{r} & L_\mathrm{m} p & -L_2 \omega_\mathrm{r} & r_2 + L_2 p \end{bmatrix} \begin{bmatrix} \boldsymbol{i}_1 \\ \boldsymbol{i}_2 \end{bmatrix} \tag{C.20}$$

同様な計算を行うと，トルク T は以下で求まる．

$$T = L_\mathrm{m}(i_{q1} i_{d2} - i_{d1} i_{q2}) \tag{C.21}$$

ただし，極対数が P_n なら，トルクも P_n 倍となる．また，相対変換ならば 3/2 倍になる．

また，2 次磁束を次式で定義して，

$$\boldsymbol{\lambda}_r = L_\mathrm{m}(\boldsymbol{i}_1 + \boldsymbol{i}_2) + L_{l2}\boldsymbol{i}_2 \tag{C.22}$$

式 (C.20) を書き換えると，微分項が整理されて，6 章の式 (6.8) のような微分方程式が導ける．

さらに，座標軸を静止座標から $\omega_\mathrm{s} + \omega_\mathrm{r}$ で回転する回転座標へ移す（変数の右肩に ω をつけて区別する）と，次式を得る．

$$\begin{bmatrix} \boldsymbol{u}_1^\omega \\ \boldsymbol{u}_2^\omega \end{bmatrix} = \begin{bmatrix} r_1 + L_1 p & -L_1 \omega & L_\mathrm{m} p & -L_\mathrm{m} \omega \\ L_1 \omega & r_1 + L_1 p & L_\mathrm{m} \omega & L_\mathrm{m} p \\ L_\mathrm{m} p & -L_\mathrm{m}(\omega - \omega_\mathrm{r}) & r_2 + L_2 p & -L_2(\omega - \omega_\mathrm{r}) \\ L_\mathrm{m}(\omega - \omega_\mathrm{r}) & L_\mathrm{m} p & L_2(\omega - \omega_\mathrm{r}) & r_2 + L_2 p \end{bmatrix}$$
$$\times \begin{bmatrix} \boldsymbol{i}_1^\omega \\ \boldsymbol{i}_2^\omega \end{bmatrix} \tag{C.23}$$

注意 PM モータでは，静止座標を $\alpha\beta$ 軸，回転座標を dq 軸と呼び，誘導機では，静止座標も回転座標も dq 軸と呼ぶことが多い． □

C.3 回転体の運動方程式

回転体の慣性モーメントを J，回転数を ω，粘性摩擦項を B，負荷トルクを T_L とおくと，回転体の運動方程式は以下となる．

$$J\frac{d\omega}{dt} = T_\mathrm{e} - T_\mathrm{L} - B\omega \tag{C.24}$$

ただし，T_e は電気的トルクで式 (C.8) や式 (C.21) で与えられる．

問題略解

2 スイッチング現象とパワーエレクトロニクス固有の現象

1 (1) $P = \dfrac{\frac{1}{6}EI \cdot 2T_{\text{SW}}}{T} = 153.6$ [W]

(2) $P = \dfrac{\frac{1}{6}EI \cdot 2T_{\text{SW}}}{T} + V_{\text{on}} \cdot I \cdot \dfrac{T_{\text{on}}}{T} \cong 176.9$ [W]

(3) $\dfrac{\frac{1}{6}EI \cdot 2T_{\text{SW}}}{T} + V_{\text{on}} \cdot I \cdot \dfrac{T_{\text{on}}}{T} \leq 100$

より

$f = \dfrac{1}{T} \cong 4.96$ [kHz]

2 それぞれ,
$$\dfrac{1}{T_{\text{SW}}} \int_0^{T_{\text{SW}}} V_{\text{S}} \cdot I_{\text{S}} \dfrac{t}{T_{\text{SW}}} dt = \dfrac{V_{\text{S}} \cdot I_{\text{S}}}{2}$$

3 $E_{R1} = \displaystyle\int_0^\infty i^2 R \, dt = \int_0^\infty \left(\dfrac{E}{R} l^{-\frac{t}{\tau}}\right)^2 R \, dt$

$= \dfrac{E^2}{R} \displaystyle\int_0^\infty l^{-\frac{2}{RC}t} dt$

$= \dfrac{E^2}{R} \left[-\dfrac{RC}{2} l^{-\frac{2t}{RC}}\right]_0^\infty = \dfrac{1}{2} CE^2$

4 図は省略. $t = T_{\text{SW}}$ のとき,電圧は kT_{SW}/e.

5 省略

3 スイッチング損失を減らす方法

1 下図に示したように，比較的低い周波数では PWM（この図では 1 パルス）を行い，比較的高い周波数では，PAM を行う．

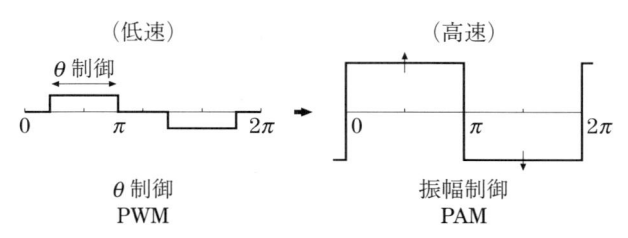

単相インバータでの PWM と PAM の組合せの例

2 (a) **抵抗成分なしの場合**：図 3.5 (a) の回路において，スイッチ S を開いてからのキャパシタ電流 i_C に関する回路方程式は，

$$E = L\frac{di_C}{dt} + \frac{1}{C}\int i_C dt$$

ただし，初期値 $i_C = i_0$ とおく．

これを解くと，

$$i_C(t) = E\sqrt{\frac{C}{L}}\sin\omega t + i_0 \cos\omega t$$

となるので，これからキャパシタの電圧 v_C を計算すると，

$$v_C(t) = E(1 - \cos\omega t) + i_0\sqrt{\frac{L}{C}}\sin\omega t$$

を得る．

$t = t_0$ において，$v_C(t_0) = 0$ になる条件を求めると，

$$\cos\omega t_0 - k_0 \cdot \sin\omega t_0 = 1$$

となる．ただし，

$$\omega = \sqrt{\frac{1}{LC}}$$

$$k_0 = \frac{I_0}{E}\sqrt{\frac{L}{C}}$$

(b) **抵抗成分 r ありの場合**：インダクタンスに抵抗成分 r が存在すると仮定する．スイッチ S を開いてからのキャパシタ電流 i_C に関する回路方程式は，

$$E = L\frac{di_C}{dt} + \frac{1}{C}\int i_C dt + r\, i_C$$

ただし，初期値 $i_C = i_0$ とおく．

これを解いて，キャパシタの電圧 v_C を計算すると，

$$v_C(t) = E\left(1 - e^{-\alpha t}\cos\omega_r t - \frac{2\alpha}{\omega_r}e^{-\alpha t}\sin\omega_r t\right) + \frac{i_0}{C\omega_r}e^{-\alpha t}\sin\omega_r t$$

を得る．

$t = t_r$ において，$v_C(t_r) = 0$ になる条件を求めると，

$$\cos\omega_r t_r - k_r \sin\omega_r t_r = e^{\alpha t_r}$$

となる．ただし，

$$\omega_r^2 = \omega^2 - \alpha^2$$

$$\alpha = \frac{r}{2L}$$

$$\omega = \sqrt{\frac{1}{LC}}$$

$$k_r = \frac{(2\alpha/\omega_r)E - I_0/(C\omega_r)}{E}$$

3 下図を参考にして，時刻を決めると，以下のように説明できる．

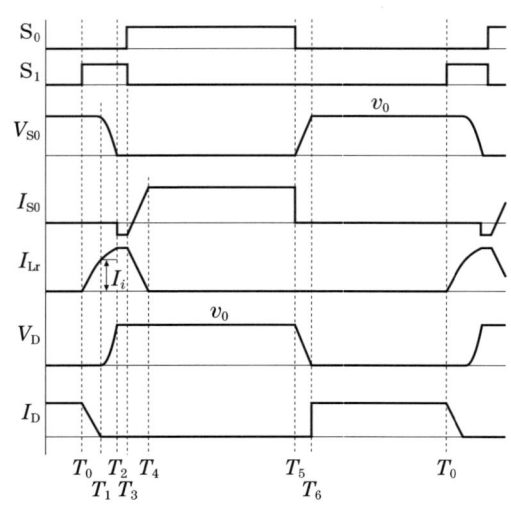

ZVT（図 3.13）の動作説明図

(a) $T_0 \sim T_1$ (補助スイッチ S_1 のターンオン)

主スイッチ S_0 がターンオンする前に，補助スイッチ S_1 を時点 $t=T_0$ にターンオンする．L_r の電流が，I_i まで直線状に増加，時点 $t=T_1$ に I_i に達し，出力ダイオード D の電流 I_D が消滅し，出力ダイオード D がオフする．

(b) $T_1 \sim T_2$ (補助スイッチ S_1 のオン，コンデンサ C_r 放電期間)

コンデンサ C_r が放電を開始 $(t=T_1)$，その電圧が，L_r，C_r の共振現象により，零電圧になる $(t=T_2)$．

(c) $T_2 \sim T_3$ (主スイッチ S_0 の ZVS オン)

主スイッチ S_0 の逆並列ダイオードがオン $(t=T_2)$，主スイッチ S_0 がターンオン，ZVS スイッチング．

(d) $T_3 \sim T_4$ (共振リアクトル L_r のエネルギ回生期間)

$t=T_3$ で，補助 S_1 がターンオフ，リアクトル L_r の電流がダイオード D_1 を介して，出力コンデンサ C_0 に回生され，線形に減少し，0 となる $(t=T_4)$．

(e) $T_4 \sim T_5$ (主スイッチ S_0 オン期間)

$t=T_4$ で，ダイオード D_1 がオフ，回生が完了し，通常の昇圧コンバータの主スイッチ S_0 のオン期間．

(f) $T_5 \sim T_6$ (主スイッチ S_0 のターンオフ期間)

$t=T_5$ で，主スイッチ S_0 がターンオフし，共振コンデンサ C_r は，主スイッチ電流 I_{S0} で線形に充電される．

(g) $T_6 \sim T_0$ (主スイッチ S_0，補助スイッチ S_1 のオフ期間)

通常の昇圧コンバータの主スイッチ S_0 のオフ期間．出力ダイオード D のオン期間．$t=T_0$ で，再び主スイッチ S_0 がターンオンし，次のサイクルが開始される．

4 PWM インバータによる出力電圧のディジタル制御

1 $\quad B_n = \dfrac{4E}{\pi}\left\{\displaystyle\int_{\alpha_1}^{\alpha_2}\sin n\omega t\, d\omega t + \int_{\alpha_3}^{\frac{\pi}{2}}\sin n\omega t\, d\omega t\right\}$

$\qquad = \dfrac{4E}{\pi}(\cos n\alpha_1 - \cos n\alpha_2 + \cos n\alpha_3)$

この式から $B_1 = \sqrt{2}A_0, B_3 = 0, B_5 = 0$ の3つの式を解き，$\alpha_1, \alpha_2, \alpha_3$ を求める．

2 3つの区間 $\left[0, \dfrac{1}{2}\Delta T(k)\right]$, $\left[\dfrac{1}{2}\Delta T(k), T - \dfrac{1}{2}\Delta T(k)\right]$, $\left[T - \dfrac{1}{2}\Delta T(k), T\right]$ で式 (4.2) を積分すると，

$$x(T) = e^{AT}x_0 + e^{A(T-\frac{1}{2}\Delta T)}A^{-1}(e^{A\frac{\Delta T}{2}} - I_n) + A^{-1}(e^{A\frac{\Delta T}{2}} - I_n)$$

を得るので,この第 2 項を変形すると,

$$e^{AT/2}(e^{A(\frac{1}{2}T-\frac{1}{4}\Delta T)} + e^{A(-\frac{1}{2}T+\frac{1}{4}\Delta T)})A^{-1}(e^{A\frac{\Delta T}{4}} - e^{-\frac{\Delta T}{4}})$$

となるので,式 (4.7)

$$x(T) = e^{AT}x_0 + e^{AT/2}b(\pm E)\Delta T$$

を導出できる.

[別解] パルスが 1 つだけであれば,式 (4.7) より,

$$x(T) = e^{AT}x_0 + e^{AT/2}b(\pm E)\Delta T$$

が成立する.この第 1 項は,パルス出力に依存しない項である.問題図 4.15 のパルス出力の積分による第 2 項は,$t_1 = kT$, $t_2 = (k+1)T$ とした場合より,$t_1 = kT + \frac{1}{2}\Delta T$, $t_2 = (k+1)T - \frac{1}{2}\Delta T$ とした分だけ差し引けばよいので,

$$x(T) = e^{AT}x_0 + e^{AT/2}b(\pm E)\{T - (T - \Delta T)\}$$
$$= e^{AT}x_0 + e^{AT/2}b(\pm E)\Delta T$$

となる.

3 $F = \begin{bmatrix} 1 & e^{5 \times 10^{-5}} \\ e^{-10^4} & e^{-2 \times 10^{-2}} \end{bmatrix}$, $\boldsymbol{g} = 2 \times 10^8 E \begin{bmatrix} e^{2.5 \times 10^{-5}} \\ e^{-10^{-2}} \end{bmatrix}$

4 式 (4.12) をプラントの状態方程式とみなし,指令値 x_{ref} に線形ゲイン行列 H_{pre} をかけたものを実質の指令値と考え,誤差 $x_{\text{ref}} - x$ にゲイン行列 H をかけてフィードバックすると,次式を得る.

$$x(k+1) = (F - \boldsymbol{g}H)x(k) + \boldsymbol{g}HH_{\text{pre}}x_{\text{ref}}$$

この式で,第 1 項の 2 つの極を原点に,さらに,第 2 項のゲイン $\boldsymbol{g}H_{\text{pre}}H$ が単位行列になるように,ゲイン H_{pre} および H を選べば,サンプル時間 $2T$ で状態 x は指令値へ収束する.

5 どちらも次式となる.

$$\frac{1 - z^{-n}}{1 - z^{-n}\{1 - (C_1 + C_2 - C_1 z^{-n})zG_{\text{p}}(z)\}}$$

6 外乱電流 i_L および入力電圧 v_{in} からキャパシタ電圧 v まで伝達関数を求めると,

$$\frac{\omega_{\text{n}}^2}{s^2 + 2\zeta\omega_{\text{n}} + \omega_{\text{n}}^2}\left[v_{\text{in}} - \sqrt{\frac{L}{C}}si_L\right]$$

となるので，v_in を $\dfrac{\omega_\mathrm{c}^2}{(s+\omega_\mathrm{c})^2}$ なるフィルタに通し，v を $\dfrac{\omega_\mathrm{c}^2}{\omega_\mathrm{n}^2}\dfrac{s^2+2\zeta\omega_\mathrm{n}+\omega_\mathrm{n}^2}{(s+\omega_\mathrm{c})^2}$ なるフィルタに通し，その出力差が外乱項 $\sqrt{\dfrac{L}{C}}i_L$ になる．ただし，$\omega_\mathrm{n}=1\sqrt{LC}, \zeta=\dfrac{1}{2R}\sqrt{\dfrac{L}{C}}$ で ω_c は外乱抑圧のカットオフ周波数．これらを離散化する手法は 8 章に詳しい．また，オブザーバの設計手法はほかにも存在する．

5 整流器およびアクティブフィルタの電流のディジタル制御

1 電圧と電流が必ず同位相であれば，スイッチングデバイスは 2 つしか使わないからである．しかし，4 象限運転などを行うと，電流と電圧の正負の符号の組合せが 4 つ生じ，そのために 4 つのスイッチが必要となる．

2 AC 側の電圧がサンプル区間 kT では，一定 $(v_\mathrm{ac}(kT\leq t<(k+1)T)=v_\mathrm{ac}(kT))$ と仮定し，さらに，インバータの出力電圧パルスはサンプル区間の中央に配置し，その幅が $\Delta T(k)$ で高さが $V_\mathrm{dc}(k)$ とする．V_ac とコンバータ電圧に対して重ね合わせの定理を用い，さらに，式 (4.8) または式 (4.10) を適用すると，式 (5.5) を得る．したがって，同一の結果となる．

3 図 5.20 より以下の回路方程式を得る．

$$V_\mathrm{inv}=L_1\dfrac{di_1}{dt}+(i_1-i_\mathrm{af})R_\mathrm{C}+V_\mathrm{C}$$

$$C\dfrac{dv_\mathrm{C}}{dt}=i_1-i_\mathrm{af}$$

$$\dot{i}_\mathrm{af}=\ddot{i}_\mathrm{af}=0$$

これらを式にすると，式 (5.25) を得る．

4 式 (5.25) を公式 (4.10) に適用すると次式を得る．

$$x(k+1)=Fx(k)+G\Delta T(k)$$

ただし，係数は式 (4.10) に基づき計算する．アクティブフィルタの電流制御部から電圧指令値 $v_\mathrm{nref}(k+1)$ が与えられると仮定する．出力電圧 $v_\mathrm{n}(k)$ は状態方程式より次式

$$v_\mathrm{n}(k+1)=R_\mathrm{C}i_\mathrm{C}(k+1)+v_\mathrm{C}(K+1)-R_\mathrm{C}i_\mathrm{af}(k+1)$$

なので，左辺を指令値に，右辺を上記の状態方程式で置き換え，パルス幅について解くと次の制御則が求まる．

$$\Delta T(k) = \{v_{\text{nref}}(k+1) - K_1 i_C(K) - K_2 v_C(k) - K_3 i_{\text{af}}(k) - K_4 \dot{i}_{\text{af}}\}/K_5$$

ただし，係数 K_1 から K_5 は，F, G などの係数から求まる定数．

5 インバータの電圧がサンプル区間 T の中央に幅 $\Delta T(k)$ で配置されると仮定する．回路方程式は

$$L_2 \frac{di_{\text{af}}}{dt} = v_n - v_L$$

となる．AC 側の電圧がサンプル区間 kT では，一定（$v_L(kT \le t < (k+1)T) = v_L(kT)$）と仮定する．公式 (4.8) と適用すると，次式の離散系の状態方程式を得る．

$$i_{\text{af}}(k+1) = i_{\text{af}}(k) + \frac{E}{L}\Delta T(k) - \frac{T}{L}v_L(k)$$

1 サンプル先の電流指令値 $i_{\text{afref}}(k)$ が与えられれば，これを解いて，制御則

$$\Delta T(k) = \frac{L}{E}\left\{i_{\text{afref}}(k+1) - i_{\text{af}}(k) + \frac{T}{L}v_L(k)\right\}$$

が求まる．

6 各種モータ電流のディジタル制御とモーションコントロール

1 式 (6.1) に

$$A_i = \frac{K_p s + K_i}{s} A_0$$

を代入して，さらに最終値の定理を適用する．

$$i_a(t = \infty) = \lim_{s \to 0} sI_a(s) = I_{\text{ref}}$$

より，定常誤差は 0 となることがわかる．

2 式 (8.25) および式 (8.26) を参考にして計算すると，

$$F = \exp(AT)$$
$$= \sum_{n=0}^{\infty} \frac{(AT)^n}{n!}$$
$$= In + AT + \frac{(AT)^2}{2} + \cdots$$
$$\approx \begin{bmatrix} 1 & 0 \\ 0 & 1 \end{bmatrix} - \frac{T}{L_a}\begin{bmatrix} r & -\omega L_a \\ \omega L_a & r \end{bmatrix} + \frac{T^2}{2L_a^2}\begin{bmatrix} r^2 - \omega L_a^2 & -2r\omega L_a \\ 2r\omega L_a & r^2 - \omega L_a^2 \end{bmatrix}$$

$$= \begin{bmatrix} 1 - \dfrac{rT}{L_a} + \dfrac{T^2}{2L_a^2}(r^2 - \omega L_a^2) & T\omega L_a - \dfrac{T^2 r\omega}{L_a} \\ -T\omega + \dfrac{T^2 r\omega}{L_a} & 1 - \dfrac{rT}{L_a} + \dfrac{T^2}{2L_a^2}(r^2 - \omega L_a^2) \end{bmatrix}$$

また,

$$\begin{aligned} G &= \int_0^T \exp\{A(T-\tau)\}B d\tau \\ &= -A^{-1}\{\exp(0) - \exp(AT)\}B \\ &\approx A^{-1}\left(AT + \dfrac{A^2 T^2}{2}\right) = \dfrac{T}{L_a}\begin{bmatrix} L_a - rT & \omega L_a T \\ -\omega L_a T & L_a - rT \end{bmatrix} \end{aligned}$$

3 付録 B の式 (B.9), (B.11), (B.12) より, 線間電圧は次式で求まる.

$$\begin{bmatrix} v_{ab} \\ v_{bc} \\ v_{ca} \end{bmatrix} = \begin{bmatrix} v_a - v_b \\ v_b - v_c \\ v_c - v_a \end{bmatrix} = \dfrac{3}{2}\begin{bmatrix} 1 & -1/\sqrt{3} \\ 0 & 2/\sqrt{3} \\ -1 & -1\sqrt{3} \end{bmatrix}\begin{bmatrix} v_\alpha \\ v_\beta \end{bmatrix}$$

$$= \dfrac{3}{2}\begin{bmatrix} 1 & -1/\sqrt{3} \\ 0 & 2/\sqrt{3} \\ -1 & -1\sqrt{3} \end{bmatrix}\begin{bmatrix} \cos\theta & \sin\theta \\ -\sin\theta & \cos\theta \end{bmatrix}^{-1}\begin{bmatrix} v_d \\ v_q \end{bmatrix}$$

これから, 付録の図 B.3 のような具体的な出力波形を実現するには, 付録 B.3 を参照.

4 変数を以下のように定義する.

$$F = \exp(AT) = \begin{bmatrix} F_{11} & F_{12} \\ F_{21} & F_{22} \end{bmatrix}$$

$$G = \exp(AT/2)BE = \begin{bmatrix} g_1 \\ g_2 \end{bmatrix}$$

デッドビート制御則は,

$$\begin{bmatrix} \Delta T_d(k) \\ \Delta T_q(k) \end{bmatrix} = \dfrac{\begin{bmatrix} i_{dsref}(k+1) \\ i_{qsref}(k+1) \end{bmatrix} - F_{11}\begin{bmatrix} i_{ds}(k) \\ i_{qs}(k) \end{bmatrix} - F_{12}\begin{bmatrix} \lambda_{dr}(k) \\ \lambda_{qr}(k) \end{bmatrix}}{g_1}$$

となる. 前問と付録 B.3 を参考にすれば, 3 相の線形電圧が発生できる.

5 $x_1(cx_1+x_2)>0$ のとき,$s\dot{s}<0$ を場合分けして計算する.

(a) $x_1>0$ かつ $s=cx_1+x_2>0$ のとき,
$$\dot{s}=c\dot{x}_1+\dot{x}_2$$
$$=cx_2-bx_2-a\phi u+f$$
となる.

外乱 f を 0 と仮定し,$u=\alpha x_1$ を代入すると,
$$\dot{s}=(c-b)x_2-a\phi\alpha x_1$$
となる.スライディングラインの近傍では,$s=cx_1+x_2\cong 0$ なので,x_2 を消去すると,
$$\dot{s}=-\{c(c-b)+a\phi\alpha\}x_1$$
となる.$s\dot{s}<0$ の条件より,$\alpha>c(c-b)/a\phi$ を得る.

(b) $x_1<0$ かつ $cx_1+x_2<0$ のときも同様.

さらに,$x_1(cx_1+x_2)<0$ のときも不等号の向きに注意して計算すれば,$\beta<c(c-b)/a\phi$ を得る.

6 式 (6.16) において定常状態に達すると,左辺の微分は 0 となる.右辺の $\dot{x}_2$ の項より,
$$-bx_2(t=\infty)-a\phi\alpha x_1(t=\infty)+f=0$$
を得る.ただし,$u=\alpha x_1$ のとき.$x_2=\dot{x}_1=0$ より,これを整理すると,
$$x_1(t=\infty)=f/a\phi\alpha$$
つまり,外乱 f が存在すると,定常誤差が残る.

7 変数を以下のように定義する.
$$P=Js+B,\ P_\mathrm{n}=J_\mathrm{n}s+B_\mathrm{n}$$
伝達関数は
$$\frac{\omega}{I_\mathrm{aref}}=\frac{s+\omega_\mathrm{c}}{s}\left(\frac{P}{K_\mathrm{T}}+\frac{\omega_\mathrm{c}}{s}\frac{P_\mathrm{n}}{K_\mathrm{Tn}}\right)^{-1}$$
$$\frac{\omega}{T_d}=-\frac{1}{K_\mathrm{T}}\left(\frac{P}{K_\mathrm{T}}+\frac{\omega_\mathrm{c}}{s}\frac{P_\mathrm{n}}{K_\mathrm{Tn}}\right)^{-1}$$
プラントパラメータと制御器のパラメータが等しい場合は,
$$\frac{\omega}{I_\mathrm{aref}}=\frac{K_\mathrm{T}}{P},\ \frac{\omega}{T_d}=\frac{-s}{s+\omega_\mathrm{c}}\frac{1}{P}$$
となる.

8 外乱の推定式は，
$$\hat{T}_d = \frac{\omega_c}{s + \omega_c}\{K_{Tn}I'_{aref} - (J_n s + B_n)\omega\}$$
より，サンプラーと零次ホールドの伝達関数 $(1 - e^{-\tau s})/Ts$ を加え，双1次変換（式 (8.17)）すると，次式を得る（8章を参考にすること）．

$$\hat{T}_d(k) = \frac{1 - \dfrac{\omega_c T}{2}}{1 + \dfrac{\omega_c T}{2}}\hat{T}_d(k-1) + \frac{\dfrac{\omega_c T}{4}}{1 + \dfrac{\omega_c T}{2}}$$
$$\times \Bigg[K_{Tn}\{I'_{ref}(k) + 2I'_{ref}(k-1) + I'_{ref}(k-2)\}$$
$$-\frac{2J_n}{T}\{\omega(k) - \omega(k-2)\}$$
$$-B_n\{\omega_c(k) + 2\omega_c(k-1) + \omega_c(k-2)\}\Bigg]$$

7 DC–DC スイッチングレギュータの解析手法

1 式 **(7.4)** の証明：インダクタの電流がスイッチング時間内で変化しないと仮定できる定常状態では，インダクタにスイッチがオンの区間に貯まるエネルギーとスイッチがオフのときに放出されるエネルギーは等しいので，
$$E \cdot I \cdot T_{on} = (V_0 - E) \cdot I \cdot T_{off}$$
これを整理すると，
$$V_0 = \frac{T_{on} + T_{off}}{T_{off}} \cdot E = \frac{E}{1 - d}$$
となる．

式 **(7.5)** の証明：上記と同様に，トランスの電流がスイッチング時間内で変化しないと仮定できる定常状態では，スイッチがオンの区間にトランスに貯まるエネルギーとスイッチがオフのときに放出されるエネルギーは等しいので，
$$E \cdot I_1 \cdot T_{on} = V_0 \cdot I_2 \cdot T_{off}$$
変圧比より $I_1/I_2 = 1/n$ を使って，この式を整理すると
$$V_0 = \frac{1}{n}\frac{d}{1-d}E$$
を得る．

2 式 (7.37) をラプラス変換すると,
$$s \cdot i_p = -\frac{r}{L} \cdot i_p - \frac{D'}{L} \cdot v_p - \frac{V_D}{L} \cdot d'_p$$
および,
$$s \cdot v_p = \frac{D'}{C} \cdot i_p - \frac{1}{RC} \cdot v_p + \frac{I_D}{C} \cdot d'_p$$
を得る. i_p を消去すると,
$$\frac{v_p}{d'_p} = \frac{s \cdot \dfrac{i_p}{C} + \dfrac{r}{LC} \cdot i_p - \dfrac{D'V_D}{LC}}{s^2 + \left(\dfrac{r}{L} + \dfrac{1}{RC}\right)s + \dfrac{r}{LRC} + \dfrac{D^2}{LC}}$$

8 パワーエレクトロニクスのためのディジタル再設計

1 $z = \dfrac{1}{2}\left(1 + \dfrac{1+j\omega T}{1-j\omega T}\right) \times \dfrac{1-j\omega T}{1-j\omega T}$
$ = \dfrac{1}{1+(\omega T)^2} + j\dfrac{\omega T}{1+(\omega T)^2}$

ここで, $z = x + jy$ とおけば,
$$x = \frac{1}{1+(\omega T)^2}$$
$$y = \frac{\omega T}{1+(\omega T)^2}$$
さらに ωT を消去すると,
$$\left(x - \frac{1}{2}\right)^2 + y^2 = \left(\frac{1}{2}\right)^2$$
となる.

2 サンプラーと零次ホールドを仮定すると伝達関数は,
$$G(s) = \frac{1-e^{-Ts}}{Ts}\frac{1}{s}$$
(1) 後退差分の場合, 式 (8.12) より,
$$G(z) = \frac{T}{1-z^{-1}}$$
となる.
したがって,
$$x(k) = x(k-1) + Tu(k)$$

8 章の問題

(2) 双 1 次変換の場合，式 (8.17) より，
$$G(z) = \frac{T}{4}\frac{(1+z^{-1})^2}{1-z^{-1}}$$
となる．したがって，
$$x(k) = x(k-1) + \frac{T}{4}\{u(k) + 2u(k-1) + u(k-2)\}$$

(3) 精密なサンプルドデータモデルの場合，微分方程式は，
$$\dot{x} = u$$
よって，$A=0, B=1$ を式 (8.24) に代入すると，
$$F = e^{0T} = 1$$
$$G = \int_0^T e^{0(T-\tau)} \cdot 1 d\tau = T$$
を得る．したがって，
$$x(k+1) = x(k) + Tu(k)$$

3 上の問題 2 と同様な手順で求める．伝達関数は
$$G(s) = \frac{1-e^{-Ts}}{Ts}s$$
となる．

(1) 後退差分の場合，
$$G(z) = \frac{1-z^{-1}}{T}$$
より，
$$x(k) = \frac{u(k)-u(k-1)}{T}$$

(2) 双 1 次変換の場合，
$$G(z) = \frac{1-z^{-1}}{T}$$
より，
$$x(k) = \frac{u(k)-u(k-1)}{T}$$

(3) 精密なサンプルドデータモデルの場合，微分方程式は，
$$x = \dot{u}$$
定義より，
$$x(k+1) = \frac{u(k+1)-u(k)}{T}$$

4 後退差分と精密なサンプルドデータモデルの場合,
$$x(k) = k_p u(k)$$
双1次変換の場合,
$$x(k) = \frac{k_p}{2}\{u(k) + u(k-1)\}$$

5 これも問題2と同様な手順で求める. 伝達関数を
$$G(s) = \frac{1-e^{-Ts}}{Ts}\frac{a}{s(s+a)}$$
$$= \left(\frac{1-e^{-Ts}}{Ts}\frac{1}{s}\right)\left(\frac{1-e^{-Ts}}{Ts}\frac{a}{s+a}\right)\frac{Ts}{1-e^{-Ts}}$$
と変形し, 問題2と例題8.2の結果を利用する.

(1) 後退差分の場合
$$G(z) = \left(\frac{T}{1-z^{-1}}\right)\left(\frac{aT}{1+aT-z^{-1}}\right)\frac{T}{1-z^{-1}}\cdot\frac{1-z^{-1}}{T}$$
$$= \frac{aT^2}{1+aT-(2+aT)z^{-1}+z^{-2}}$$
したがって,
$$x(k) = \frac{2+aT}{1+aT}x(k-1) - \frac{1}{1+aT}x(k-2) + \frac{aT^2}{1+aT}u(k)$$

(2) 双1次変換の場合
$$G(z) = \left\{\frac{T}{4}\frac{(1+z^{-1})^2}{1-z^{-1}}\right\}\left\{\frac{aT}{2}\frac{(1+z^{-1})^2}{aT+2+(aT-2)z^{-1}}\right\}\frac{T}{1-z^{-1}}\cdot\frac{2}{T}\frac{1-z^{-1}}{1+z^{-1}}$$
$$= \frac{aT^2}{4}\frac{(1+z^{-1})^3}{aT+2-4z^{-1}-(aT-2)z^{-2}}$$
したがって,
$$x(k) = \frac{4}{aT+2}x(k-1) + \frac{aT-2}{aT+2}x(k-2)$$
$$+ \frac{aT^2}{4(aT+2)}\{u(k) + 3u(k-1) + 3u(k-2) + u(k-3)\}$$

(3) 精密なサンプルドデータモデルの場合

(a) ジョルダン形, 対角標準形のとき
$$\frac{a}{s(s+a)} = \frac{1}{s} - \frac{1}{s+a}$$
かつ出力を $x_1 + x_2$ と考える. ただし,

$$\frac{1}{s} = \frac{x_1}{u}$$
について,問題 2 (3) より,
$$x_1(k+1) = x_1(k) + Tu(k)$$
また,
$$-\frac{1}{s+a} = \frac{x_2}{u}$$
について,例題 8.2 の結果を利用して,
$$x_2(k) = e^{-aT} x_2(k-1) - \frac{1-e^{-aT}}{a} u(k)$$
2 式から出力 $x(k)$ は,
$$x(k) = x_1(k) + x_2(k)$$

(b) **可制御標準形のとき**

$$\frac{a}{s(s+a)} = \frac{x}{u} \text{ より,}$$
$$\ddot{x} + a\dot{x} = au$$
ここで,$x_1 = x$, $x_2 = \dot{x}$ とおくと,
$$\begin{bmatrix} \dot{x}_1 \\ \dot{x}_2 \end{bmatrix} = \begin{bmatrix} 0 & 1 \\ 0 & -a \end{bmatrix} \begin{bmatrix} x_1 \\ x_2 \end{bmatrix} + \begin{bmatrix} 0 \\ a \end{bmatrix} u = Ax + bu$$
以下,式 (8.16) に従って,係数を求める.
$$F = e^{AT} = \mathcal{L}^{-1}[(sI - A)^{-1}] = \mathcal{L}^{-1} \begin{bmatrix} s & -1 \\ 0 & s+a \end{bmatrix}^{-1}$$
$$= \mathcal{L}^{-1} \begin{bmatrix} \frac{1}{s} & \frac{1}{a}\left(\frac{1}{s} - \frac{1}{s+a}\right) \\ 0 & \frac{1}{s+a} \end{bmatrix} = \begin{bmatrix} 1 & \frac{1-e^{-aT}}{a} \\ 0 & e^{-aT} \end{bmatrix}$$
$$\boldsymbol{g} = \int_0^T e^{A(T-\tau)} B d\tau = \int_0^T \begin{bmatrix} 1 - e^{-a(T-\tau)} \\ ae^{-a(T-\tau)} \end{bmatrix} d\tau$$
$$= \begin{bmatrix} \tau - \frac{e^{-a(T-\tau)}}{a} \\ e^{-a(T-\tau)} \end{bmatrix}_0^T = \begin{bmatrix} T - \frac{1-e^{-aT}}{a} \\ 1 - e^{-aT} \end{bmatrix}$$
したがって,
$$\begin{bmatrix} x_1(k+1) \\ x_2(k+1) \end{bmatrix} = \begin{bmatrix} 1 & \frac{1-e^{-aT}}{a} \\ 0 & e^{-aT} \end{bmatrix} \begin{bmatrix} x_1(k) \\ x_2(k) \end{bmatrix} + \begin{bmatrix} T - \frac{1-e^{-aT}}{a} \\ 1 - e^{-aT} \end{bmatrix} u$$

6 前問の可制御標準形 (b) について計算する.

前問の結果より,

$$\begin{bmatrix} \dot{x}_1 \\ \dot{x}_2 \end{bmatrix} = \begin{bmatrix} 0 & 1 \\ 0 & -a \end{bmatrix} \begin{bmatrix} x_1 \\ x_2 \end{bmatrix} + \begin{bmatrix} 0 \\ a \end{bmatrix} u$$

$$= A\boldsymbol{x} + \boldsymbol{b}u$$

また,

$$F = e^{AT} = \begin{bmatrix} 1 & \dfrac{1-e^{-aT}}{a} \\ 0 & e^{-aT} \end{bmatrix}$$

を得ている.

さらに,式 (8.32) に従って,$G = [\boldsymbol{g}_1, \boldsymbol{g}_2]$ の計算を行う.

$$\boldsymbol{g}_1 = \int_{T/2}^{T} e^{A\tau} b\, d\tau$$

$$\boldsymbol{g}_2 = \int_{0}^{T/2} e^{A\tau} b\, d\tau$$

より,

$$G = \begin{bmatrix} T/2 + (e^{-aT} - e^{-aT/2})/a & T/2 + (e^{-aT/2} - 1)/a \\ e^{-aT/2} - e^{-aT} & 1 - e^{-aT/2} \end{bmatrix}$$

以上より,マルチレートサンプリングによる離散時間モデルは,

$$\begin{bmatrix} x_1(k+1) \\ x_2(k+1) \end{bmatrix} = e^{AT} \begin{bmatrix} x_1(k) \\ x_2(k) \end{bmatrix} + \begin{bmatrix} g_{11} & g_{12} \\ g_{21} & g_{22} \end{bmatrix} \begin{bmatrix} u_1(k) \\ u_2(k) \end{bmatrix}$$

となる.

参考文献

■ 1章・2章および全般

[1] R.G. Hoft, *Semiconductor Power Electronics*, Van Nostrand Reinhold (1986).
[2] N. Mohan, T.M. Underland, W.P. Robbins, *Power Electronics：Converters, Applications, and Design*, John Wiley & Sons (1989).
[3] 正田, 深尾, 嶋田, 河村, 『パワーエレクトロニクスのすべて』, オーム社 (1995).
[4] R. G. ホフト（河村, 松井, 西條, 木方共訳）,『基礎パワーエレクトロニクス』, オーム社 (1988).
[5] 堀孝正, 『パワーエレクトロニクス』, オーム社 (1996).
[6] 電気学会半導体伝略変換システム調査委員会編, 『基礎パワーエレクトロニクス回路』(2000).
[7] 池田, 北村, 正田, 『パワーエレクトロニクスの基礎』, 電気学会 (1993).
[8] 矢野, 打田, 『パワーエレクトロニクス』, 丸善 (2000).
[9] 金, 『パワースイッチング工学』, 電気学会大学講座 (2003).
[10] 電気学会電気自動車駆動システム調査専門委員会編『電気自動車の最新技術』, (1999).
[11] 荒井, 吉田, 『SiC素子の基礎と応用』, オーム社 (2003).
[12] B.D. Bedford, R.G. Hoft, *Principle of Inverter Circuits*, John Wiley & Sons (1964).
[13] S.B. Dewan, A. Straughen, *Power Semiconductor Circuits*, John Wiley & Sons (1975).
[14] H.H. Rashid, *Power Electronics*, Prentice Hall (1988).
[15] P. Wood, *Switching power converter*, Van Nostrand Reinhold (1981).
[16] R.S. Ramshow, *Power electronics*, Chapman and Hall (1973).

■ 3章

[17] 石井, "冷蔵庫における PAM 制御", モータ技術シンポジウム, B-2-2 (1999).

[18] R.W. DeDoncker, J.P. Lyors, "The Auxiliary Resonant Commutated Pole Converter", *IEEE IAS Annual Meeting*, pp.1228–1235 (1990).

[19] D.M. Divan, "The Resonant DC Link Converter——A New Concept in Static Power Converter", *IEEE IAS Annual Meeting*, pp.648–656 (1986).

[20] K. Liu, R. Oraganti, F.C. Lee, "Resonant switches topologies and characteristics", *PESC'85*, pp.106–116 (1985).

[21] K. Liu, F.C. Lee, "Zero Voltage switches technique in dc/dc converters", *PESC'86*, pp.58–70 (1986).

[22] G. Hua, C. Leu, F.C. Lee, "Novel Zero–Voltage–Transition PWM Converters", *IEEE Power Electronics Trans.* Vol.9, No.2, pp.213–219 (1994).

[23] G. Hua, C. Leu, F.C. Lee, "Novel Zero–Voltage Transition PWM Converters", *PESC'92*, pp.55–60 (1992).

[24] J. Lai, "Soft-switching inverter for electric propulsion drives with consideration of Motor types", *IPEC–Tokyo 2000*, pp.1973–1978 (2000).

[25] J. Lai, "A novel resonant snubber inverter", *IEEE APEC*, pp.797–803 (1995).

■ 4章

[26] 河村, "UPS のディジタル制御と独立制御", 信学技報 EE-2002-7, pp.37–42 (2002).

[27] K.P. Gokhale, A. Kawamura, R.G. Hoft, "Dead Beat Microprocessor Control of PWM Inverter for Sinusoidal Output Waveform Synthesis", *IEEE Trans. on Ind. Appl.* Vol.IA-23, No.3, Sep/Oct. pp.901–910 (1987).

[28] A. Kawamura, R. Chuarayapratip, T. Haneyoshi, "Deadbeat Control of PWM Inverter with Modified Pulse Patterns", *IEEE Trans. on Industrial Electronics.* Vol.IE-35, No.2, pp.295–300 (1988).

[29] A. Kawamura, T. Haneyoshi, R.G. Hoft, "Deadbeat Controlled PWM Inverter with Parameter Estimation Using Only Voltage Sensor", *IEEE Trans. on Power Electronics*, Vol.PEL-3, No.2, pp.118–125 (1988).

[30] T. Haneyoshi, A. Kawamura, R.G. Hoft, "Waveform Compensation of PWM Inverter with Cyclic Fluctuating Loads", *IEEE Trans. on Ind. Appl.* Vol.IA-24, No.4, July/Aug. pp.582–589 (1988).

[31] 河村, "PWM インバータで駆動されるパワーエレクトロニクスシステムの線形

サンプル値モデルの導出", 電気学会全国大会, No.534 (1987).

[32] 石原清志, "三相 PWM インバータの実時間波形合成", 横浜国立大学修士論文 (1989).

[33] 石原, 河村, "DSP による実時間出力波形合成型三相 PWM インバータ", 電気学会論文誌 D, Vol.110, No.6, pp.627–636 (1990).

[34] 横山, 河村, "外乱オブザーバとデッドビート制御を組み合わせた UPS 用 3 相 PWM インバータのディジタル制御", 電気学会論文誌 D, Vol.113, No.5, pp.617–624 (1993).

■ 5 章

[35] 木幡, 赤木, "並列型アクティブフィルタと直列形アクティブフィルタの補償効果", 電気学会論文誌 D, Vol.116, No.3, pp.287–293 (1996).

[36] 赤木, "瞬時無効電力理論の 18 年——誕生, 応用とその発展", パワーエレクトロニクス研究会論文誌, Vol.26, No.1, pp.2–11 (2000).

[37] 浜崎, 河村, "外乱オブザーバを用いた一括補償型アクティブフィルタの高調波補償特性", 電気学会論文誌 D, Vol.119, No.10, pp.1271–1272 (1999).

[38] 竹谷,『高調波と力率改善の実務知識』, 理工図書 (1999).

[39] 竹下, 豊田, 松井, "単相 PFC コンバータの高速直流電圧制御と高調波抑制", 電気学会論文誌 D, Vol.121-D, No.10, pp.1041–1048 (2001).

[40] 船渡, 河村, "電力用アクティブパッシブ回路", 電気学会論文誌 D, Vol.113, No.5, pp.601–610 (1993).

■ 6 章

[41] L. Ben–Brahim, "High Performance Torque Control of Induction Motor Based on Digitally Controlled PWM Inverter", *Yokohama National University, Ph.D Dissertation* (1991).

[42] L. Ben–Brahim, A. Kawamura, "Digital Current Regulation of Field Oriented Controlled Induction Motor Based on Predictive Flux Observer", *IEEE Trans. on Industry Applications*, Vol.IA-27, No.6, pp.956–961 (1991).

[43] 赤津, 河村, "理想電圧源による誘導機の速度センサレス零速度制御の実験的考察", 電気学会論文誌 D, Vol.120-D, No.12, pp.1408–1418 (2000).

[44] U. Itkis, *Control systems of variable structure*, John Wiley & sons (1976).

[45] 三浦一典, "スライディングモードとオブザーバを組み合わせたロボットの起動制御", 横浜国立大学修士論文 (1990).

[46] 伊藤, 河村, "スライディングモードとオブザーバを組み合わせた 2 軸ロボット

の CP 制御", 日本ロボット学会誌, Vol.10, No.4, pp.551–561 (1992).

[47] 藤本康孝, 河村, "外乱オブザーバを併用したスライディングモード制御と2自由度制御の外乱抑圧に関する考察", 電気学会論文誌 D, Vol.114, No.3, pp.306–314 (1994).

[48] 見城, 菅原, 『ステッピング・モータとマイコン制御』, 総合電子出版社 (1994).

[49] 百目鬼, 『ステッピングモータの使い方』, 工業調査会 (1993).

[50] 坂本, 『ステッピングモータの使い方』, オーム社 (2003).

[51] 奥松, 河村, "定電圧駆動領域における HB 形ステッピングモータの閉ループ制御", 電気学会論文誌 D, Vol.123-D, No.3, pp.211–218 (2003).

[52] K. Ohnishi, T. Murakami, "Advanced Motion Control on Robotics", *IEEE IECON*, pp.356–359 (1989).

[53] 大西, "外乱オブザーバによるロバスト制御", 日本ロボット学会誌, Vol.11, No.4, pp.486–493 (1993).

[54] 堀洋一, 大西, 『応用制御工学』, 丸善 (1998).

■ 7 章

[55] 原田, 二宮, 顧, 『スイッチングコンバータの基礎』, コロナ社 (1992).

[56] F.C. Lee, *Modeling, analysis, and design of PWM converters*, VPEC publication (1990).

[57] K.K. Sum, *Switch mode power conversion*, Mercel Dekker (1984).

[58] G. Chryssis, *High frequency switching power supplies : theory and design*, McGraw–Hill (1984).

■ 8 章

[59] 古田, 佐野, 『基礎システム理論』, コロナ社 (1978).

[60] 茅, 『自動制御工学』, 共立出版 (1969).

[61] C.H. Houpis, G.B. Lamont, *Digital control systems*, McGraw–Hill (1985).

[62] M. Gopal, *Modern control system theory*, John Wiley & sons (1984).

[63] G.M. Swisher, *Introduction to Linear Systems Analysis*, Matrix Publisher (1976).

[64] G.F. Franklin, J.D. Powel, *Digital control of Dynamic Systems*, Addison–Wesley Publishing (1980).

[65] 藤本博志, 河村, "N–Delay 制御を用いた新しいディジタル再設計法の提案とその応用", 電気学会論文誌 D, Vol.117, No.5, pp.645–654 (1997).

[66] 藤本博志, 堀洋一, 河村, "マルチレートフィードフォワード制御を用いた完全

追従制御法",計測自動制御学会論文集,Vol.36, No.9, pp.766–772 (2000).

■ 付録

[67] 難波江,金,高橋他,『基礎電気機器学』,電気学会 (1984).

[68] 田村,田中,『エネルギー変換応用システム』,丸善 (2000).

[69] 杉本,小山,玉井,『AC サーボモータシステムの理論と設計の実際』,総合電子出版 (1990).

[70] 武田,松井,森本,本田,『埋込磁石同期モータの設計と制御』,オーム社 (2001).

[71] S. Yamamura, T. Nakagawa, A. Kawamura, "Equivalent Circuit of Induction Motor as Servomotor of Quick Response", *International Power Electronics Conference (IPEC–Tokyo)*, Japan (1983).

[72] A. Kawamura, R. Hoft, "An Analysis of Induction Motor Field Oriented or Vector Control", *IEEE Power Electronics Specialists Conference (PESC)*, Albuquerque, New Mexico, pp.91–101 (1983).

索引

ア 行

アクティブフィルタ　59
位置ループ　20
インダクションヒーティング　6
インバータ駆動系の離散時間モデル状態
　方程式の公式　48, 55
インバータ照明　6
オフィスオートメーション　3

カ 行

外乱オブザーバ　41, 53, 55, 77
外乱推定オブザーバ　20
外乱補償　92
逆阻止スイッチ　24
共振インバータ　27
共振型スイッチ　38
共振スイッチ　27, 30
共振スナバインバータ　27, 35
空間ベクトル　24
繰り返し外乱　51
繰り返し制御　41, 51
繰り返し補償器　52
降圧レギュレータ　96
後退差分　105
後退差分変換　109

高力率　24
高力率コンバータ　59, 60

サ 行

サイリスタ　15
三角波比較　42
三角波比較器　62
サンプラー　23, 114
サンプルドデータモデル　105
実時間ディジタル制御　46
実時間フィードバック制御　44
周期外乱　53
出力デットビート　49
瞬時損失　10
昇圧形レギュレータ　97
省エネ　12
状態空間スイッチング　20
状態空間平均化法　95, 98
状態フィードバック　20
スイッチング　1
スイッチング現象　7, 9
スイッチング周波数　12
スイッチング損失　7, 27, 28
スイッチングデバイス　7
スナバ回路　7, 16
スライディングモード　21
スライディングモード制御　77

索　引

制御　1
制御ループ　20
精密なサンプルドデータモデル　105, 112
零次ホールド　113, 114
零電圧スイッチ　30
零電圧遷移スイッチ　39
零電流スイッチ　31
センサレス　21
双1次変換（Tustin 変換）　55, 105, 111
速度ループ　20

■ タ 行

ダイオード　15
単位円　111
単相 PWM 整流器　59
ディジタル再設計　105, 118
ディジタル制御　7
ディーティ比　95
デッドビート　20
デッドビート制御　41
電圧ループ　20
電源側検出　59
電源側検出一括補償方式　71
電流制御　59, 77
電流マイナーループ制御　77
電流ループ　20
トルクループ　20

■ ナ 行

内部モデル原理　44

■ ハ 行

パワー MOSFET　15
パワーエレクトロニクス　1
パワートランジスタ　15
光（トリガ）サイリスタ　15
非周期的な外乱　53
微小変動解析　102
ヒステリシス　20
ヒステリシスコンパレータ　45
ヒステリシス制御　44, 59
非線形回路　1
負荷側検出　59
ブーストコンバータ　95
フルオーダーオブザーバ　50
平均損失　11
並列補償型アクティブフィルタ　68
ベクトル　24
ベクトル制御　20
補助共振転流ポール型インバータ　27, 33

■ マ 行

マルチレートサンプリング　105, 117
無停電電源　6, 41
モーションコントロール　77

■ ヤ 行

ラプラス変換　105, 106
離散時間モデル　41, 46
量子化誤差　115
ロバスト制御　77
ロボット　3

英数字

1次遅れの補償要素　114
AFの電流制御　59
ARCP　33
DC–DCコンバータ　27, 95
DCリンク並列共振インバータ　27, 32
DSP　25
FPGA　25
GTOサイリスタ　15
IGBT　15
IH（Induction Heating）　39
OA　3
PAM　7, 27, 28
PWM　27, 28, 41
PWM整流器　59
SiCショットキーダイオード　15
sampled-data model　112
Tustin変換　55
UPS　6, 42
ZCS　31
ZVS　30
ZVT　27, 39
z変換　105, 106

著者略歴

河村　篤男
（かわむら　あつお）

1976年　東京大学工学部電気工学科卒業
1978年　東京大学大学院工学系研究科
　　　　電気工学専攻修士課程修了
1981年　東京大学大学院工学系研究科
　　　　電気工学専攻博士課程修了
1981年　米国ミズーリ大学電気工学科 Post-Doctoral-Fellow
1983年　米国ミズーリ大学 Assistant Professor
1986年　横浜国立大学工学部電子情報工学科助教授
1996年　同大教授
現　在　横浜国立大学大学院工学研究院教授
　　　　工学博士

主要著書・訳書

R. G. ホフト著「基礎パワーエレクトロニクス」（共訳著，コロナ社）
「パワーエレクトロニクスのすべて」（共著，オーム社）
Sensorless Control of AC Drives （共著，IEEE Press）

新・電気システム工学＝TKE-ex1
現代パワーエレクトロニクス

2005年 4月 25日 © 　　　　　初 版 発 行

著者　河村篤男　　　　発行者　矢沢和俊
　　　　　　　　　　　印刷者　山岡景仁
　　　　　　　　　　　製本者　石毛良治

【発行】　　　　株式会社　数理工学社
〒151-0051　東京都渋谷区千駄ヶ谷1丁目3番25号
☎ (03) 5474-8661（代）　　　サイエンスビル

【発売】　　　　株式会社　サイエンス社
〒151-0051　東京都渋谷区千駄ヶ谷1丁目3番25号
☎ (03) 5474-8500（代）　　振替 00170-7-2387

印刷　三美印刷　　　製本　石毛製本所
《検印省略》

本書の内容を無断で複写複製することは，著作者および出版者の権利を侵害することがありますので，その場合にはあらかじめ小社あて許諾をお求め下さい．

ISBN4-901683-21-7
PRINTED IN JAPAN

サイエンス社・数理工学社のホームページのご案内
http://www.saiensu.co.jp
ご意見・ご要望は
suuri@saiensu.co.jp まで．

基礎エネルギー工学

桂井　誠　著
A5判/256頁/本体2200円
2色刷　　ISBN 4-901683-04-7

本書の特徴
・歴史的な視点を導入し，横断的に解説．
・多数の図やグラフを用いたビジュアルな紙面構成．
・興味を深めるような具体的数値による計算，理解を確かなものとする例題・章末問題を多数収録．

主要目次
第1章　エネルギーとパワー
第2章　電気エネルギー
第3章　エネルギー資源
第4章　熱エネルギーの物理と利用
第5章　化学エネルギーと電池
付　　録

発行・数理工学社/発売・サイエンス社

電気電子計測

廣瀬 明 著
A5判/256頁/本体2300円
ISBN4-901683-09-8

本書の特徴
- 日進月歩で発展している計測技術の「概念」「方法」「実際」をわかりやすく解説.
- 多数の図を用いたビジュアルな紙面構成.
- 技術事項の集積である電気電子計測を体系化することにより,確かな理解が得られる.

主要目次
第1章　計測の位置付けと基本概念
第2章　統計的な性質と処理
第3章　単位と標準
第4章　指示計器
第5章　指示計器による直流計測
第6章　指示計器による交流計測
第7章　計測用電子デバイスと機能回路
第8章　ディジタル計測
第9章　波形
第10章　周波数・位相
第11章　雑音
第12章　共振
第13章　伝送線路とインピーダンスマッチング
付　録

発行・数理工学社/発売・サイエンス社

工学基礎 ラプラス変換と Z 変換

原島 博・堀 洋一 共著
A5判/208頁/本体1900円
2色刷　ISBN 4-901683-16-0

本書の特徴

- 実用性を意識し，本書に従って例題・演習問題を解いていくうちに，ラプラス変換と z 変換が自然に理解できる．
- ラプラス変換の応用として工学の分野で最もよく使われる電気回路や制御工学などの線形システムの解析についても解説．
- 互いに関連しているラプラス解析，z 変換，フーリエ変換・離散フーリエ変換の体系的理解に向けた道しるべとなる書．

主要目次

第1章　ラプラス変換の基礎
第2章　定係数線形常微分方程式の解法
第3章　連立微分方程式の解法
第4章　連立微分方程式，微積分方程式，偏微分方程式の解法
第5章　線形システムの取り扱い
第6章　ラプラス変換と電気回路
第7章　ラプラス変換と制御工学
第8章　z 変換の基礎
第9章　離散時間線形システム

発行・数理工学社/発売・サイエンス社